高等院校计算机专业教材

云计算
技术项目教程

秦　婷　　张长华◎主编
王伯爵　　沈海龙　　纪善国◎副主编

◎绪论
◎云计算的体系架构
◎云计算的关键技术
◎谷歌的云计算技术
◎开源云计算方案Hadoop
◎其他云计算方案
◎总结与展望
◎实验项目

知识产权出版社
全国百佳图书出版单位

图书在版编目（CIP）数据

云计算技术项目教程 / 秦婷, 张长华主编. — 北京:知识产权出版社, 2016.12

ISBN 978-7-5130-3409-8

Ⅰ.①云… Ⅱ.①秦… ②张… Ⅲ.①计算机网络 – 教材 Ⅳ.①TP393

中国版本图书馆CIP数据核字（2016）第064068号

内容提要

本书突出介绍了云计算技术的重要概念、关键技术和实践方法。第1章、第7章重点介绍云计算的概念、发展现状和趋势;第2章、第3章重点介绍云计算的体系架构、技术原理和一系列的关键技术;第4章、第5章和第6章分别介绍现今云计算平台的解决方案,包括谷歌的云计算技术方案和开源云计算项目Hadoop等;第8章安排了几个动手实践的实验项目,用以培养读者从事云计算开发的技术能力。

本书可作为全国高等学校计算机或信息等相关专业的学生教材,也可供云计算开发人员和爱好者学习和参考。

责任编辑: 徐家春

云计算技术项目教程

YUNJISUAN JISHU XIANGMU JIAOCHENG

秦　婷　张长华主编

出版发行:	知识产权出版社 有限责任公司	网　　址:	http://www.ipph.cn
			http://www.laichushu.com
电　　话:	010 – 82004826		
社　　址:	北京市海淀区西外太平庄55号	邮　　编:	100081
责编电话:	010 – 82000860转8573	责编邮箱:	823236309@qq.com
发行电话:	010 – 82000860转8101 / 8573	发行传真:	010 – 82000893 / 82003279
印　　刷:	北京中献拓方科技发展有限公司	经　　销:	各大网上书店、新华书店及相关专业书店
开　　本:	787mm×1092mm　1/16	印　　张:	14.25
版　　次:	2016年12月第1版	印　　次:	2016年12月第1次印刷
字　　数:	300千字	定　　价:	46.00元

ISBN 978 – 7 – 5130 – 3409 – 8

前　言

随着通信技术和计算机技术的迅猛发展，通过网络访问远程的数据处理、存储和信息服务等计算服务的技术条件和需求也越来越成熟，于是"云计算"应运而生。近年来，随着云计算技术的迅猛发展，云计算得到了业界乃至全社会的广泛关注。云计算也被认为是继个人电脑革命、互联网革命以来，IT 产业的第三次变革。

云计算的服务设施不受用户端的影响，这意味着它们的规模和能力是不可限量的。当今，谷歌、亚马逊、微软和 IBM 等公司提供的云计算平台已经达到几十万乃至上百万台计算机的规模。由于规模经济的效应以及众多新技术的运用，加之拥有较高的资源利用率，云计算的性价比是传统的计算模式的 30 倍以上，这使得云计算成为一种划时代的技术。

当前，由于谷歌、亚马逊、微软和 IBM 等几家实力超群的大公司的大力推动，云计算发展极为迅速。一些小型的企业也开始跟随着云计算的浪潮受益，同时云计算也受到了各国政府以及广大用户的广泛关注。

谷歌、亚马逊、微软和 IBM 等大公司纷纷提出了自己的云计算平台，包括谷歌的 Google App Engine、亚马逊的 AWS、微软的 Windows Azure 等，他们采用了各不相同的设计架构和关键技术，本书将对之分别进行剖析。

中国政府近年来高度重视对云计算的发展。《中华人民共和国国民经济和社会发展第十二个五年规划纲要》和《国务院关于加快培育和发展战略性新兴产业的决定》（以下简称《决定》）均把云计算列为重点发展的战略性新兴产业。为了配合与落实国务院的《决定》，2010 年 10 月，中华人民共和国工业和信息化部与国家发展和改革委员会联合下发《关于做好云计算服务创新发展试点示范工作的通知》，确定北京、上海、杭州、深圳和无锡 5 城市先行开展云计算服务创新发展试点示范工作，并于 2011 年 10 月陆续下拨 6.6 亿的云计算专项扶植资金。

本书由内蒙古电子信息职业技术学院秦婷、河北建材职业技术学院张长华担任主编，天津国土资源和房屋职业学院的王伯爵、大连理工大学城市学院沈海龙和山东省潍坊商业学校魏守峰担任副主编。

由于云计算技术发展迅速，加之作者水平有限、时间紧迫，书中难免存在疏漏和不当之处，恳请读者批评指正。

编者

2016 年 12 月

目　录

第1章 绪论

1.1 云计算的概念

近年来，随着云计算技术的迅猛发展，云计算得到了业界乃至全社会的广泛关注。云计算也被认为是继个人电脑革命、互联网革命以来，IT产业的第三次变革。

美国国家标准与技术研究院（NIST）是这样定义云计算的：云计算是对基于网络的、可配置的共享计算资源池能够方便地、按需地访问的一种模式。所谓的共享计算资源池包括网络、服务器、存储、应用和服务。这个共享计算资源池就是我们所说的"云"。

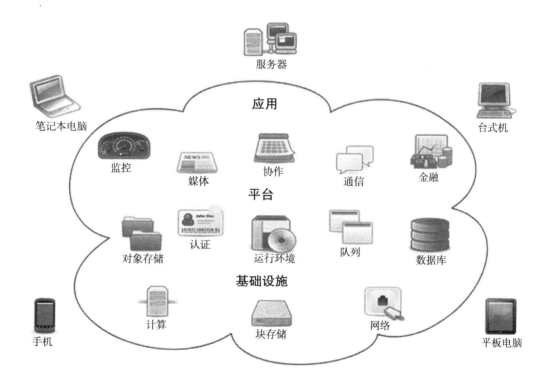

图1-1 云计算

关于云的定义，笔者认为主要有两个关键的方面：一方面，"云"能够自动化地、可靠地整合和管理各种地理上分散的或异构的计算资源，形成一朵由不同计算资源融合成的"云"；另一方面，"云"能够按需地、弹性地、可计量地，以计算能力、存储能力或软件服务的形式，向用户提供整合好的计算资源，使这些分散的资源对用户透明，也像是一朵"云"在为用户服务（图1-1）。

所以，云计算与传统的计算资源的获取方式相比，就好比供电从原始的单台发电机模式转向了电厂集中供电的模式。它意味着计算能力、存储能力和软件服务能力可以作为一种商品进行流通，就像煤气、水电一样，取用方便，费用低廉。不同在于，它是通过互联网进行传输的。

技术上，云计算是并行计算、分布式计算和网格计算的应用和发展，或者说是这些计算机科学概念的一种商业实现。云计算是虚拟化、效用计算、IaaS（Infrastructure as a Service，基础设施即服务）、PaaS（Platform as a Service，平台即服务）、SaaS（Software as a Service，软件即服务）等概念混合演进并跃升的结果。所以，与其说云计算是一种新技术，不如说它是一种新的技术整合模式，或是新的商业概念。

1.1.1 云计算的特征

云计算主要具有以下特征。

（1）超大规模：大多数的云计算中心都有相当的规模，如谷歌云计算中心已经拥有几百万台服务器，而亚马逊、IBM、微软、雅虎等企业所掌握的云计算规模也毫不逊色。同时，云计算中心能够通过整合和管理这些数目庞大的计算机集群，来赋予用户前所未有的计算能力和存储能力。

（2）虚拟化：即抽象化。云计算支持用户在任意位置使用各种终端获取应用服务。所请求的资源来自"云"，而不是固定的有形的实体。应用在"云"中某处运行，但实际上用户无需了解，也不用担心应用运行的具体位置，即对用户"透明"。

（3）高可靠性：云计算中心在软硬件方面使用了数据多副本容错、计算节点同构可互换等措施来保障服务的高可靠性，使用云计算比使用本地计算机更可靠。

（4）通用性：云计算中心不是为了某些特定的应用而存在，在"云"的支撑下可以构造出千变万化的应用，同一个"云"可以同时支撑不同的应用运行，并保证其服务质量。

（5）高可扩展性：即高弹性。"云"的规模可以动态伸缩，以满足应用和用户规模增长的需要。

（6）按需服务："云"是一个庞大的资源池，用户可以按需购买，就像自来水、电、煤气等根据用户的使用量来计费。

（7）廉价：由于"云"的特殊容错措施可以采用极其廉价的节点来构成云，"云"的自动化集中式管理使大量企业无需负担日益高昂的数据中心管理成本，"云"的通用性使资源的利用率较传统系统大幅提升，因此用户可以充分享受"云"的低成本优势，获得强大的计算能力和存储能力，甚至只要花费几百美元、几天时间就能完成以前需要数万美元、数月时间才能完成的任务。

（8）节能环保：云计算技术可以将许多地理上分散的低端机器的工作能力整合到一起，来提升资源的使用效率，同时一般由专业的管理团队运维，所以其电源使用效率比普通企业的数据中心出色很多。

这些特点使得云计算具有前所未有的优势，获得了强劲的发展和业界广泛的关注。

1.1.2 云计算的优势

从用户体验的角度，对个人用户而言，在云计算的背景下会出现各种丰富多彩的基于互联网的服务，这些服务功能强大，可以随时随地接入，无需客户端，只需要浏览器就能够轻松地访问，也无需为软件的升级和病毒的感染而操心；对企业用户而言，可以按需地、廉价地获得计算能力和存储能力，即将企业的 IT 服务迁移到"云"上，这样企业的管理更加方便，使其有利于专注于其自身领域的业务。

从成本的角度，对个人用户而言，他们所需的服务运行在"云"上，所以他们只需要一个简单的可以接入网络的终端即可，如手机、平板电脑等；对企业用户而言，可以利用先进的云技术来降低企业初期的投资成本和后期的维护成本，还可以将 IT 服务迁移到第三方提供的"云"上，从而降低 IT 部门的运维成本，节省企业的管理资源。

1.2 云计算的演进

1.2.1 云计算的由来

和许多其他的伟大发明和技术一样，云计算看似是人类灵光一现的产物，但真正探究、溯源起来，却是通过一代人甚至几代人的积累演变而成的。云计算的发明是整个 IT 产业自然发展和演化的必然结果，这些演化既表现在思想上，又涉及技术方面的发展与演进。

"云计算"的名字最早是由谷歌的 CEO（首席执行官）埃里克·施密特在担任 Sun 公司 CTO（首席技术官）时偶然想到的，其在思想方面的发展经历了电厂模式、效用计算、网格计算和云计算 4 个主要的阶段，才发展到现在比较成熟的水平（图 1-2）。

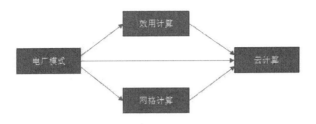

图1-2 云计算的思想演进

电厂模式的实质就是规模经济的效应，即形成规模之后可以有效降低成本。还是源于我们前面举到的电厂和发电机的例子，利用电厂的规模效应可以降低成本，从而降低价格，同时用户使用起来更加方便，可以按需使用、按量付费，不用考虑维护和购买任何发电设备。

人工智能之父麦肯锡在 1961 年提出了"效用计算"（Utility Computing）的概念，它是对电厂模式的借鉴和进一步发展，其目标是整合分散在各地的服务器、存储系统和应用程序，共享给多个用户，让用户能够像把灯泡插入灯座一样来使用计算机资源，并且根据其所使用的量来付费。

网格计算（Grid Computing）研究如何把一个需要十分巨大的计算能力才能解决的问题分成许多小的部分，然后把这些小的部分分配给大量性能较低的计算机来处理，最后把这些计算结果综合起来攻克大问题。由此可见，网格计算的实质与效用计算十分接近，但是侧重点略有不同。

云计算的核心思想源于人们对电厂模式的憧憬，又和效用计算、网格计算十分类似，即希望 IT 资源和服务能够像电力那样成本低廉、使用方便。与早期的思想不同的是，在 IT 技术高速发展的今天，无论是技术，还是用户的需求，都已经逐渐成熟并具有了一定的规模，所以云计算已经有了坚实的发展基础。

除了思想上的演化，还有这样几个重要的时间点，极大地推动了云计算的诞生、发展和成熟，也可以看作是云计算发展的几个重要的契机。

1999 年，当时甲骨文的高管 Marc Benioff 认为 Web 应用取代桌面应用是未来的趋势，于是创建了 Salesforce 这家以销售在线 CRM（Customer Relationship Management，客户关系管理）系统为主的互联网公司，同时首先定义了 SaaS（Software as a Service，软件即服务）的概念。SaaS 的实质就是让软件以在线服务的方式提供给用户，同时免去用户安装和更新等繁琐的步骤。从此以后，SaaS 受到了业界的广泛关注并且得到了良好的发展，这无疑为云计算的诞生提供了技术方面和商业运作方面的基础。

2003 年，在操作系统原理会议（SOSP）上，谷歌发表了有关 GFS（Google File System，谷歌文件系统）分布式存储系统的论文；2004 年，在 OSDI 大会上，谷歌发表了有关 MapReduce 分布式处理技术的论文；2006 年，在 OSDI 大会上，谷歌发表了关于 BigTable 分布式数据库的论文。这三篇重量级论文的发表及其相关的开源技术极大地普及了云计算中非常核心的分布式技术。

2006 年初，亚马逊推出了 AWS（Amazon Web Service）的第一款产品 S3（Simple Storage Service，简单存储服务）云存储服务；2006 年 8 月，亚马逊推出了另一款 AWS 产品 EC2（Elastic Computing Cloud，弹性计算云）云基础设施服务。AWS 就是基于亚马逊将计算资源提供给用户的思想，S3 就是将服务器端的海量存储资源提供给用户使用，EC2 则是将整合好的计算资源作为一种服务或是商品提供给用户。AWS 相关服务的推出，标志着云计算商业产品的出现，所以亚马逊也被业界认为是云计算的先行者。

1.2.2　云计算的发展现状

云计算作为当前被炒得火热的新概念，由于有亚马逊、谷歌、IBM 和微软等几家实力超群的大公司的大力推动，发展极为迅速。一些小型的企业也开始跟随着云计算的浪潮受益，同时云计算也受到了各国政府及广大用户的广泛关注（图 1-3）。

图1-3 云计算受到了业界的广泛关注和追捧

亚马逊的简单存储服务（S3）和弹性计算云（EC2）为企业提供存储和计算服务，收费的服务项目包括存储服务器、带宽、中央处理器（CPU）资源及月租费。月租费与电话月租费类似，存储服务器、带宽按容量收费，CPU 根据时长（小时）运算量收费。亚马逊把云计算做成一个大生意并没有花费太长的时间——不到两年时间，亚马逊上的注册开发人员达 44 万人，还有为数众多的企业级用户。由第三方统计机构提供的数据显示，亚马逊与云计算相关的业务收入已达 1 亿美元，云计算是亚马逊增长最快的业务之一。

谷歌当数最大的云计算的使用者。谷歌搜索引擎就建立在分布在 200 多个地点、超过 100 万台服务器的支撑之上，而且这些设施的数量正在迅猛地增长。谷歌地球、地图、Gmail、Docs 等也同样使用了这些基础设施。采用 Google Docs 之类的应用，用户数据会保存在互联网上的某个位置，可以通过任何一个与互联网相连的系统十分便利地访问这些数据。目前，谷歌已经允许第三方在其云计算中通过 Google App Engine 运行大型并行应用程序。值得称颂的是，谷歌并不保守，它早已以发表学术论文的形式公开其云计算三大法宝——GFS、MapReduce 和 BigTable，并在美国、中国等高校开设如何进行云计算编程的课程。

IBM 在 2007 年 11 月推出了"改变游戏规则"的"蓝云"计算平台，为客户带来即买即用的云计算平台。它包括一系列的自动化、自我管理和自我修复的虚拟化云计算软件，使来自全球的应用可以访问分布式的大型服务器池，使得数据中心在类似于互联网的环境下运行计算。IBM 正在与 17 个欧洲组织合作开展云计算项目，欧洲联盟（以下简称欧盟）提供了 1.7 亿欧元作为部分资金。该计划名为 RESERVOIR，以"无障碍的资源和服务虚拟化"为口号。2008 年 8 月，IBM 宣布将投资约 4 亿美元用于其设在北卡罗来纳州和日本东京的云计算数据中心改造。

微软紧跟云计算步伐，于 2008 年 10 月推出了 Windows Azure 操作系统。Azure（译为"蓝天"）是微软继 Windows 取代 DOS 之后的又一次颠覆性转型——通过在互联网架构上打造新云计算平台，让 Windows 真正由 PC 延伸到"蓝天"上。微软拥有全世界数以亿计的 Windows 用户桌面和浏览器，现在将它们连接到"蓝天"上。Azure 的底层是微软全球基础服务系统，由遍布全球的第四代数据中心构成。

云计算的新颖之处在于它几乎可以提供无限的廉价存储和计算能力。纽约一家名为 Animoto 的创业企业已证明云计算的强大能力，Animoto 允许用户上传图片和音乐，自动生成基于网络的视频演讲稿，并且能够与好友分享。该网站目前向注册用户提供免费服务。2008 年年初，网站每天用户数约为 5000 人。4 月中旬，由于脸书用户开始使用 Animoto 服务，该网站在三天内的用户数大幅上升至 75 万人。Animoto 联合创始人 Stevie Clifton 表示，为了满足用户需求的上升，该公司需要将服务器能力提高 100 倍，但是该网站既没有资金，也没有能力建立规模如此巨大的计算能力。因此，该网站与云计算服务公司 RightScale 合作设计了能够在亚马逊的网云中使用的应用程序。通过这一举措，该网站大大提高了计算能力，而费用只有每服务器每小时 10 美分。这样的方式也加强了创业企业的灵活性。当需求下降时，Animoto 只需减少所使用的服务器数量就可以降低服务器支出。

在中国，云计算发展也非常迅猛。2008 年 5 月 10 日，IBM 在中国无锡太湖新城科教产业园建立的中国第一个云计算中心投入运营；2008 年 6 月 24 日，IBM 在北京 IBM 中国创新中心成立了第二家中国的云计算中心——IBM 大中华区云计算中心；2008 年 11 月 28 日，广东电子工业研究院与东莞松山湖科技产业园管委会签约，广东电子工业研究院将在东莞松山湖投资 2 亿元建立云计算平台；2008 年 12 月 30 日，阿里巴巴集团旗下子公司阿里软件与江苏省南京市政府正式签订了 2009 年战略合作框架协议，2009 年初在南京建立国内首个"电子商务云计算中心"，首期投资额将达上亿元人民币；世纪互联推出了 CloudEx 产品线，包括完整的互联网主机服务"CloudEx Computing Service"、基于在线存储虚拟化的"CloudEx Storage Service"、供个人及企业进行互联网云端备份的数据保全服务等系列互联网云计算服务；中国移动研究院做云计算的探索起步较早，已经完成了云计算中心试验。中国移动通信集团公司董事长兼 CEO 王建宙认为云计算和互联网的移动化是未来发展方向。

2008 年 11 月 25 日，中国电子学会专门成立了云计算专家委员会，聘任中国工程院院士李德毅为主任委员，聘任 IBM 大中华区首席技术总裁叶天正、中国电子科技集团公司第十五研究所所长刘爱民、中国工程院院士张尧学、谷歌全球副总裁/中国区总裁李开复、中国工程院院士倪光南、中国移动通信研究院院长黄晓庆六位专家为副主任委员，聘任国内外 30 多位知名专家学者为专家委员会委员。2009 年 5 月和 2010 年 5 月，中国电子学会已经在北京成功举办两届中国云计算大会。

中国企业创造的"云安全"概念，在国际云计算领域独树一帜。云安全通过网状的大量客户端对网络中软件行为的异常监测，获取互联网中木马、恶意程序的最新信息，推送到服务端进行自动分析和处理，再把病毒和木马的解决方案分发到每一个客户端。云安全的策略构想是：使用者越多，每个使用者就越安全，因为如此庞大的用户群，足以覆盖互联网的每个角落，只要某个网站被挂马或某个新木马病毒出现，就会立刻被截获。云安全的发展方兴未艾，瑞星、趋势、卡巴斯基、MCAFEE、SYMANTEC、江民科技、PANDA、金山、360 安全卫士、卡卡上网安全助手等都推出了云安全解决方案。瑞星基于云安全策略开发的 2009 新品，每天拦截数百万次木马攻击，其中 1 月 8 日更是达到了 765 万余次。趋势科技云安全已经在全球建立了 5 大数据中心，有几万部在线服务器。据悉，云安全可以支持平均每天 55 亿条点击查询，每天收集分析 2.5 亿个样本，资料库第一次命中率就可以达到 99%。借助云安全，趋势科技现在每天阻断的病毒感染最高达 1000 万次。

1.3 云计算的应用场景

作为受到业界广泛追捧的新概念和新技术,云计算为企业级和个人的用户都带来了一定的方便和收益,IT 产业的几乎所有领域都可以有云计算的用武之地。总结起来,云计算有 IDC 云、企业云、云存储系统等一些比较典型的应用场景。

（1）IDC 云。

传统 IDC（internet data center,互联网数据中心）的服务已经无法满足用户的需求,用户期望更强大、更方便和更灵活的 IDC 服务。IDC 云是在 IDC 原有数据中心的基础上,加入更多云的基因,如系统虚拟化技术、自动化管理技术和智能的能源监控技术等。通过 IDC 的云平台,用户能够使用到虚拟机和存储等资源。另外,IDC 可通过引入新的云技术来提供许多新的具有一定附加值的服务,如 PaaS 等。现在已成型的 IDC 云有 Linode 和 Rackspace 等。

（2）企业云。

对任何大中型企业而言,80% 的 IT 资源都是用于维护现有应用的,而不是让 IT 更好地为业务服务。使用专业的企业云解决方案来提升企业内部数据中心的自动化管理程度,将整个 IT 服务的思维从过去的软硬件思维转变为以提供服务为主,使得 IT 人员能分出精力来为业务创新,成为半个业务人员。企业云对于那些需要提升内部数据中心的运维水平以及希望能使整个 IT 服务更围绕业务展开的大中型企业非常适合。相关的产品和解决方案有 IBM 的 WebSphere CloudBurst Appliance、思科的 UCS 和 VMware 的 vSphere 等。

（3）云存储系统。

企业非常重要的资产和财富是数据,所以需要对数据进行有效的存储和管理,普通的个人用户也需要大量的存储空间用于保存大量的个人数据和资料,但由于本地存储在管理方面的缺失,数据的丢失率非常高,而云存储系统能够解决上面提到的这些问题。云存储系统通过整合网络中多种存储设备来对外提供云存储服务,并能管理数据的存储、备份、复制和存档。另外,良好的用户界面和强大的 API 支持也是不可或缺的。云存储系统非常适合那些需要管理和存储海量数据的企业,如互联网企业、电信公司等。相关的产品有中国电信的 E 云、亚马逊的 S3 云存储服务、谷歌的 Picasa 相册和微软的 SkyDrive 网络硬盘等。

（4）虚拟桌面云。

对许多企业而言,桌面系统的安装、配置和维护都是其 IT 运营非常重要的一个方面,桌面系统的分散管理将给整个 IT 部门带来沉重的压力,而且相关的数据和信息安全不能受到有效地监控，同时企业更希望能将降低终端桌面系统的整体成本，并且使用起来更稳定和灵活。虚拟桌面云是这方面一个非常不错的解决方案，其是利用了现在成熟的桌面虚拟化技术。桌面虚拟化技术是将用户的桌面环境与其使用的终端进行解耦，在服务器端以虚拟镜像的形式统一存放和运行每个用户的桌面环境，而用户则可通过小型的终端设备来访问其桌面环境。还有，系统管理员可以统一地管理用户在服务器端的桌面环境，如安装、升级和配置相应的软件等。这个解决方案比较适合那些需要使用大量桌面系统的企业，相关的产品有 Citrix 的 Xen Desktop 和 VMware 的 VMware View。

（5）开发测试云。

开发测试是一个繁琐、易错和耗时的过程，特别是在准备测试环境上面，还有会遇到诸如测试资源管理混乱、难以重现问题发生的环境和缺乏压力测试所需要的强大计算能力等棘手问题。而开发测试云能有效解决上面这些问题，其通过友好的 Web 界面，可以预约、部署、管理和回收整个开发测试的环境，通过预先配置好（包括操作系统，中间件和开发测试软件）的虚拟镜像来快速地构建一个个异构的开发测试环境，通过快速备份/恢复等虚拟化技术来重现问题，并利用云的强大的计算能力来对应用进行压力测试，比较适合那些需要开发和测试多种应用的组织和企业，如银行、电信和政府等。相关解决方案有 IBM Smart Business Development and Test Cloud。

（6）大规模数据处理云。

企业需要分析大量的数据来洞察业务发展的趋势、可能的商业机会和存在的问题，从而做出更好、更快和更全面的决策。另外，物联网还会采集海量需要处理的数据。大规模数据处理云通过将数据处理软件和服务运行在云计算平台上，能利用云平台的计算能力和存储能力来对海量的数据进行大规模的处理，除了上面提到的物联网之外，还有许多企业和机构都会有这方面的需求。相关产品有 Apache 的 Hadoop 等。

（7）协作云。

电子邮件、IM（Instant Messaging，即时通信）、SNS（Social Networking Services，社交网络服务）和通信工具（如 Skype 和 WebEx）等都是很多企业和个人必备的协作工具，但是维护这些软件和其硬件却是一件让人非常头疼的工作。协作云是云供应商在 IDC 云的基础上或者直接构建一个专属的云，并在这个云搭建整套的协作软件，将这些软件共享给用户，非常适合那些需要一定的协作工具，但不希望维护相关的软硬件和支付高昂的软件许可证费用的企业与个人。这方面最具代表性的产品莫过于 IBM 的 LotusLive，它主要包括会议、办公协作和电子邮件这三大服务。当然 Google Apps 也是不容忽视的，其中 Gmail 和 Gtalk 都是协作的利器。

（8）游戏云。

传统游戏软件容量都非常巨大，无论是单机还是网游，都需要玩家在游戏之前花很多时间在下载和安装，使玩家无法尽兴地玩游戏，再加上游戏的购置成本偏高，使得玩家在尝试新游戏方面，兴趣骤降。在这方面，业界部分公司推出了游戏云的解决方案，主要有两大类：第一种是使用更多基于 Web 的游戏模式，如使用 JavaScript、Flash和 Silverlight 等技术，并将这些游戏部署到云中，这种解决方案比较适合休闲游戏；第二种是为大容量和高画质的专业游戏设计的，整个游戏都将在云中运行，但会将最新生成的画面传至客户端。总之，休闲玩家和专业玩家都会在游戏云中找到自己的所爱。在产品方面：第一种游戏云，已经有很多游戏都采用这种方案，如许多脸书上的休闲游戏采用了后端云和前端 Flash 这样的组合；而第二种游戏云，AMD 已经发布了类似的技术，但碍于现有的网络环境，短时间内不会有特别成熟技术出现。

（9）HPC 云。

在科学方面 HPC（High Performance Computing，高性能计算）领域，现在主要有两方面挑战：其一是供需不平衡，要么是现有的 HPC 资源太过稀少，无法满足大众的需求，要么就是贫富不均，导致 HPC 资源无法被合理地分配；其二是现有的 HPC 设计和需求不符，虽然 HPC 已经发展了很多年，但是在设计上还是将所有的计算资源整合在一起，以追求极致速度为主，但是现在的需求则常以一小块计算资源为主，这导致HPC 计算资源被极大地浪费。所以新一代的高性能计算中心不仅仅需要提供传统的高性能计算，而且还需要增加资源的管理、用户的管理、虚拟化的管理、动态的资源产生和回收等。基于云计算的高性能计算应运而生，也就是 HPC 云，其能够为用户提供可以完全定制的高性能计算环境，用户可以根据自己的需求来改变计算环境的操作系统、软件版本和节点规模，从而避免与其他用户的冲突，并可以成为网格计算的支撑平台，以提升计算的灵活性和便捷性。HPC 云特别适合需要使用高性能计算，但缺乏巨资投入的普通企业和学校。北京工业大学已经和 IBM 合作建设国内第一个 HPC 云计算中心。

（10）云杀毒。

新型病毒的不断涌现，使得杀毒软件的病毒特征库的大小与日俱增，如果在安装杀毒软件的时候，附带安装庞大的病毒特征库，将会影响用户的体验，而且杀毒软件本身的运行也会极大地消耗系统的资源。通过云杀毒技术，杀毒软件可以将有嫌疑的数据上传到云中，并通过云中庞大的特征库和强大的处理能力来分析这些数据是否含有病毒。这非常适合那些需要使用杀毒软件来保障其电脑安全的用户。现有的杀毒软件都支持一定的云杀毒这个特性，如 360 杀毒和金山毒霸等。

1.4 基于云计算的互联网应用

当然，作为个人用户而言，云计算提供给我们的是更加简单、方便、丰富多彩的云应用。看似遥不可及的云计算早已深入我们的生活，除了著名的云操作系统 Chrome OS 之外，其实还有很多云应用已经开始在被使用。云办公、云社交、云存储、云杀毒、云输入法、云娱乐等应用已经悄悄进入我们的生活之中，为大家带来许多便利。

（1）云办公。

谷歌依托自主研发的云计算平台和搜索，十多年来推出了许多成功的云计算互联网应用，包括 Gmail、Google Search、Google Docs、Google Wave、Google Talk、Google Map、Google Calendar 等。由于借助了 Web 2.0 技术以及日益提高的网络接入带宽，这些应用给予了用户全新的界面体验及更加强大的交互服务能力。

其中，典型的谷歌云计算应用就是谷歌推出的与微软办公软件进行竞争的 Docs 网络服务程序。Google Docs 是一个基于 Web 的工具，它有与微软办公软件相近的编辑界面，有一套简单易用的文档权限管理，而且它还记录下所有用户对文档所做的修改。Google Docs 的这些功能令它非常适用于网上共享与协作编辑文档。Google Docs 甚至可以用于监控责任清晰、目标明确的项目进度。当前，Google Docs 已经推出了文档编辑、电子表格、幻灯片演示、日程管理等多个功能的编辑模块，能够替代 Microsoft Office 相应的一部分功能。

图1-4 访问docs.google.com获得Google Docs服务

相对 Office 系列软件万花筒式的全面功能，Google Docs 最大的卖点是在线共同创作，远隔千里的同事可以同时对文章进行编辑和修改（图 1-4）。这种功能对于很多办公用户来说非常有用，修改文章可以充分运用头脑风暴法调动所有人的智慧，以达到快速成文的目的，最大程度地避免了来回修改耗费大量时间。

总的来说，Google Docs 与微软办公软件相比简洁易懂，具备了微软办公软件的基本功能，而且在在线共同创作方面确实胜出一筹，对时常需要共同创作、共同讨论的团队来说非常有吸引力。

（2）云存储。

对于我们个人用户而言，云存储就是将我们的文件存放在云端，这样我们无论身在何处，只要能够接入网络就能够获得我们的文件（图 1-5）。云存储非常方便经常需要移动办公的用户，同时也很方便对外分享。云存储在国内外已经发展多年，大家很早就在使用，只是可能不知道这些服务基于云端。国内比较著名的云存储服务有 Rayfile、纳米盘和 QQ 网盘，它们各有特点（表 1-1）。

图1-5 访问www.Rayfile.com获得云存储网络硬盘服务

表 1-1 国内主流云存储服务比较

云存储 服务	免费 个人空间	收费服务	上传 限制	客户端	备注
Rayfile	不限	不提供	不限	提供	

云存储服务	免费个人空间	收费服务	上传限制	客户端	备注
纳米盘	25GB	不提供	每文件小于50MB	提供	与MSN账号捆绑
QQ网盘	16MB	提供，可最大升级到1.5GB	不限	整合在QQ中	

虽然云存储在异地存储、备份和分享方面具有显著的优势,但是也存在一些问题。其一是云存储文件的监管问题,云存储服务提供商很难检查每个上传的文件是否存在病毒、木马和违法内容;其二是云存储文件的保密性问题,在美国,网络安全咨询公司 Unisys 公布的美国安全指数调查显示,大多数美国人并不放心将他们的隐私数据进行云存储;其三是随时随意接入网络的限制,在我国很多地方的网络覆盖还不健全,很难做到随时在线,如果把数据都存储在云端,很可能会遇到需要下载时却无法接入网络的问题。

（3）云输入法。

云输入法是在 2008 年提出的概念,它将字库放在云端,通过其他使用者输入的词组动态生成词库,这样有效地扩大了词库,能够很好地提高输入的效率和准确性。目前国内的云输入法中,搜狗云输入法是做得比较成熟的一款。

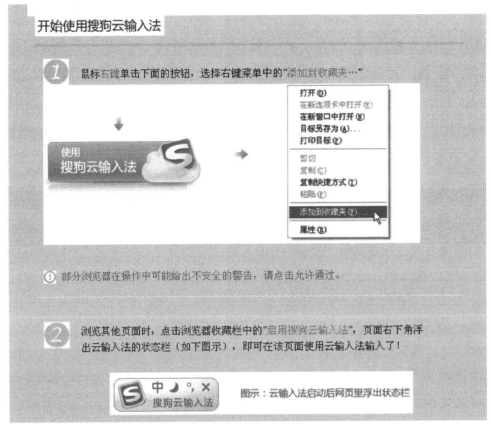

图1-6 访问pinyin.sogou.com/cloud/体验搜狗云输入法

首先在浏览器中输入 pinyin.sogou.com/cloud/，进入搜狗云输入法页面，在这里，客户可以先在页面上进行试用，感受云输入法极强的词组联想功能。如果对试用满意，就可以直接点击"立即使用"进入使用界面。搜狗云输入法不需要安装，只需要在使用界面用右键点击一下按钮，再选择右键菜单中的"添加到收藏夹…"，然后到浏览器的收藏夹中点击"启动搜狗输入法"，即可在所有网页中使用搜狗云输入法（图 1-6）。

相比一般的本机输入法，搜狗云输入法的主要优势有两点：其一，云输入法可以免安装，并且具有跨平台的优点，兼容 Windows、Linux、Mac 等各个操作系统，兼容 IE、搜狗、世界之窗和 Firefox 等浏览器，这在网吧等临时使用环境十分有用，我们通过简单的操作就能够找回自己熟悉的输入法；其二，它的后台基于云计算，具有更强大语言模型和词库，能大幅提升输入准确率，特别是在长句输入方面更有优势。目前搜狗云输入法词库规模达到了创纪录的 200 万个，而短句和长句的输入准确率则分别达到94%和 84%的高位，能够显著提高输入速度和准确率。

（4）云杀毒。

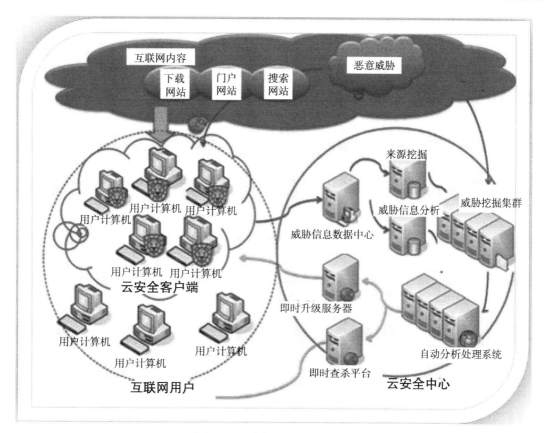

图1-7　云杀毒服务的基本架构

　　云杀毒通过互联网让用户电脑中的杀毒软件客户端与云端安全服务器实时联系，通过上报客户端查出的各种可疑文件、恶意网址，在云端通过统计分析监测网络中木马和恶意网址的即时发生情况，并将解决方案通过病毒库更新的方式送达所有用户，提前防范各种新生网络威胁（图 1-7）。瑞星、360 等公司均推出了相应的云杀毒软件。

　　首先在瑞星杀毒软件界面的右上角选择"设置"进入设置界面，在设置界面中点击"高级设置"中的"云安全计划"，即可勾选加入"瑞星云安全计划"。根据个人需要，选择"上传可疑文件""上传恶意网址"和"上传杀毒结果"，确定后即可加入"瑞星云安全计划"，和网络上同样使用此款软件的用户一起加入云杀毒的运动中（图 1-8）。

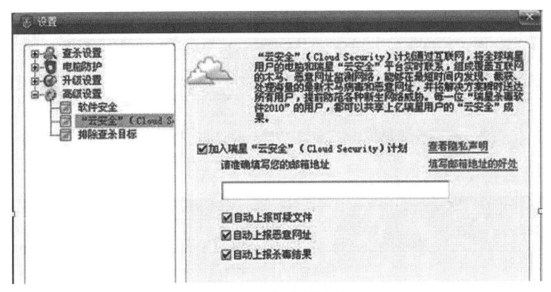

图1-8 瑞星"云安全"应用

云杀毒软件最大的特点是，它能够从成千上万用户中得到真实的实时病毒数据，对木马和恶意网址的提前防范能力显著增强，颇有点儿"人民战争"的意味。另外，云杀毒软件的病毒响应更及时；杀毒软件体积更小，查杀病毒能力更强；客户端是轻量级的，更加适合于移动设备；甚至能够查杀"未知"病毒，保障用户彻底安全。

但是，云杀毒要求用户进行可疑文件和恶意网址的上传，在这个过程中可能会侵犯用户的隐私；此外，它还需要以大量的用户为基础，否则这种病毒库的更新速度和提示的准确性都将受到质疑。

1.5 云计算的发展环境

1.5.1 云计算与互联网

作为人类历史上最伟大的发明之一，互联网给我们生产和生活带来巨大便利和变革，主要经历了以下三个发展阶段。

1. 第一代互联网

（1）1969 年，为了能在爆发核战争时保障通信畅通，美国国防部启动了具有抗打击能力的计算机网络 ARPANET。

（2）从 20 世纪 70 年代末开始，个人电脑（PC）兴起，各式各样的计算机网络应运而生，如 MILNET、USENET、BITNET 和 CSNET 等，由此产生了实现不同网络之间互联的需求，最终导致了 TCP/IP 协议的诞生。

（3）1986 年，美国国家科学基金会（NSF）资助建成了基于 TCP/IP 的主干网

NSFNET，连接了主要的科研机构，第一代互联网由此诞生。

2．第二代互联网

（1）1989 年，Tim Berners-Lee 提出万维网（WWW）的设想。他发明了超文本，使用超级链接将不同服务器上的网页互相链接起来。

（2）2003 年后，WWW 从单纯通过浏览器浏览 HTML 网页的 Web1.0 模式演化到方便大量用户共同参与互联网内容编制的 Web2.0 阶段（图 1-9）。

图1-9 Web2.0时代

3．第三代互联网

（1）20 世纪 90 年代末，以网格计算、Web Services、IPv6 等为代表的新技术不断涌现，让人们看到了将网上所有信息资源融为一体的希望。

（2）云计算技术从 2009 年第 3 季度突然兴起，并且迅速形成盈利模式，正式掀开了第三代互联网的面纱。

（3）第三代互联网将实现信息节点之间的大协作，实现信息系统之间的互操作，实现信息平台一体化。

表 1-2 是三代互联网的比较。从中可以看出，云计算是第三代互联网的重要组成部分和驱动力，云计算也必将和第三代的互联网一起，继续改变着我们的生活。

表 1-2 三代互联网的比较

项目	第一代互联网	第二代互联网	第三代互联网
社会形态	信息社会1.0	信息社会2.0	信息社会3.0
历史时期	20世纪70年代，主机时代 20世纪80年代，PC时代	20世纪90年代，Web1.0时代 21世纪00年代，Web2.0时代	21世纪10年代，云计算时代 21世纪20年代，云格时代
具体时段	1969—1989（20年） 1969：ARPANET诞生	1989—2007（18年） 1989：WWW诞生	2007—2023(16年） 2007：云计算诞生
主要特征	实现计算机与计算机的通信连通	实现网页与网页的连通	实现信息平台一体化
典型技术	分组交换传输技术（TCP/IP）	WWW、宽带网、Web2.0	云计算、IPv6、移动宽带网、Web Services、网格计算、物联网、云格（Gloud）
媒体类型	文本	多媒体（MultiMedia）	富媒体（RichMedia）
典型应用	电子邮件、FTP、资料检索系统	搜索引擎、新闻、电子商务、论坛、聊天、视频、文件共享	计算资源租用、在线 CRM、在线Office、GIG、一体化服务

1.5.2 云计算与 3G

3G 是英文 3rd Generation 的缩写，是第三代移动通信技术的简称。3G 是指支持高速数据传输的蜂窝移动通信技术，是将无线通信与互联网相结合的新一代通信技术。目前国际上 3G 存在四种标准制式：CDMA2000、WCDMA、TD-SCDMA 和 WiMAX。在我国，中国电信、中国联通和中国移动分别运营 CDMA2000、WCDMA、TD-SCDMA 的 3G 网络。3G 的代表性特征是具有高速数据传输能力，能够提供 2Mbps 以上的带宽。因此，3G 可以支持话音、图像、音乐、视频、网页、电话会议等多种移动多媒体业务（图 1-10）。

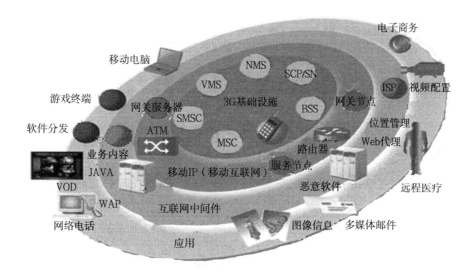

图1-10 3G的体系结构与应用场景

受限于体积和便携性的要求，手机的处理、运算和存储能力的提升都是有瓶颈的，但是"云计算"的概念为此打开另外一扇门。利用远端"云"的高速处理能力，即使手机本身性能不高，但只要满足与远端"云"的输入输出数据交换，便能够得到理想的结果。

对于 GSM（全球移动通信系统）网络来说，其带宽对于实现云计算而言基本是"天方夜谭"，但是 3G 就将这一切变成可能。而 3G 时代的运营商要做的就是成为"一朵云"，并通过 3G 网络为手机用户提供原本无法想像的服务。

其实，3G 与云计算是互相依存、互相促进的关系。一方面，3G 作为一种高速的无线接入方式，将为云计算带来数以亿计的宽带移动用户。到 2009 年 7 月，全球移动用户已达 44 亿，普及率达 65%。3G 用户已超过 5 亿，并以惊人的速度增长。2009 年是中国的 3G 元年，当年用户数就超过了 1 千万。这些用户的终端是手机、掌上电脑、笔记本、上网本等，计算能力和存储空间有限，却有很强的联网能力，对云计算有着天然的需求，将实实在在地支持云计算取得商业成功。另一方面，云计算能够给 3G 用户提供更好的用户体验，云计算有强大的计算能力、接近无限的存储空间，并支撑各种各样的软件和信息服务，只要接入带宽足够，就能够为 3G 用户提供前所未有的服务体验。

1.5.3　云计算与物联网

物联网英文是"the internet of things"，即"物物相连的互联网"。物联网通过大量分散的射频识别（RFID）、传感器、GPS、激光扫描器等小型设备，将感知的信息，通过互联网传输到指定的处理设施上进行智能化处理，完成识别、定位、跟踪、监控和管理等工作，从而构造一个实现全球物品信息实时共享的实物互联网（图 1-11）。

图1-11 物联网的时代

　　笼统地看，物联网属于传感网的范畴。其实，传感器的应用历史悠久而且相当普及，而物联网是传感网的一个高级阶段，它通过大量信息感知节点采集信息，通过互联网传输和交换信息，通过强大的计算设施处理信息，然后再对实体世界发出反馈或控制信息。

　　与由物理基础设施和IT基础设施组成的传统互联网相比，物联网是物物相连的互联网，它的核心和基础仍然是互联网，又是互联网基础上的延伸和扩展。同时，物联网的用户端延伸和扩展到了任何物体与物体之间，进行信息交换和通信。

　　其实，物联网与云计算也是交互辉映的关系。一方面，物联网的发展离不开云计算的支撑。从数量上看，物联网将使用数量惊人的传感器（如数以亿万计的RFID、智能尘埃和视频监控等），采集到的数据量惊人。这些数据需要通过无线传感网、宽带互联网向某些存储和处理设施汇聚，而使用云计算来承载这些任务具有非常显著的性价比优势。从质量上看，使用云计算设施对这些数据进行处理、分析、挖掘，可以更加迅速、准确、智能地对物理世界进行管理和控制，使人类可以更加及时、精细地管理物质世界，从而达到"智慧"的状态，大幅提高资源利用率和社会生产力水平。可以看出，云计算凭借其强大的处理能力、存储能力和极高的性能价格比，很自然就会成为物联网的后台支撑平台。另一方面，物联网将成为云计算最大的用户，将为云计算取得更大商业成功奠定基石。

1.6 本章小结

本章介绍了云计算的概念，包括官方的定义及电厂模式的思想，讲述了云计算的一系列特征和优势；介绍了云计算的发展历程，包括思想的演进和云计算诞生过程中的几个重要时间点，阐述了云计算在 IT 业界的发展现状，包括谷歌、微软、IBM 等大公司在云计算方面的成就；列举了云计算的一些典型的应用场景，介绍了在我们身边的云计算互联网应用，使读者更直观切身地体会到了云计算的特点；最后，介绍了云计算在当前的发展环境，即云计算与 IT 界其他新发展方向的关系。

1.7 习题

1. 云计算为什么被称为是IT产业的第三次变革？
2. 云计算与移动互联网、三网融合的发展关系？
3. 访问谷歌，体验Google Docs、Google Wave、Google Calendar等谷歌提供的丰富多彩的云应用。
4. 访问Rayfile、纳米盘和QQ网盘，体验网络硬盘服务，并对比它们的优缺点。
5. 访问搜狗，体验搜狗云输入法，找出它与本地输入法相比的优势。

第2章 云计算的体系架构

2.1 概述

架构原本是建筑行业中的一个核心概念，后来被引入到软件设计方面。架构对软件系统而言是极为重要的，因为它不仅定义了系统内部各个模块之间是如何整合和协调的，同时也对其整体表现起着非常关键的作用。作为一个复杂的大型软件系统，云计算内部包含着许许多多的模块和组件，所以对于其架构的研究，是有重要意义的。 本章将会对云计算系统的体系结构、服务类型及部署模式做一个深入的介绍，使读者对云计算有更加深入的理解。

2.2 云计算的体系结构

为了有效支持云计算，云平台的体系结构必须支持几个关键特征。首先，这些系统必须是自治的，也就是说，它们需要内嵌有自动化技术，减轻或消除人工部署和管理任务，而允许平台自己智能地响应应用的要求。其次，云计算架构必须是敏捷的，能够对需求信号或变化的工作负载做出迅捷的反应。换句话说，内嵌的虚拟化技术和集群化技术，能应付增长或服务级要求的快速变化。

图 2-1 所示是云计算的逻辑体系结构。其中，各部分的功能是："用户互动界面"是云用户向系统请求服务的交互界面；"服务目录"是用户可选择的服务列表；"管理系统"用来管理可用计算资源和服务；"资源工具"负责自治地、根据用户请求智能地部署资源和应用，动态地部署、配置和回收资源；"监控和测量"实时监控云计算的系统资源的使用情况，以便做出迅捷的反应；"服务器"集群是虚拟的或者物理的服务器，由管理系统管理。

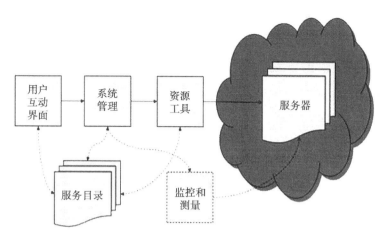

图2-1　云计算的逻辑体系结构

在具体的技术体系结构方面，由于不同的提供云计算的厂商使用了不同的解决方案，目前还没有一个统一的技术体系结构。如图 2-2 所示的体系结构综合了不同厂商的方案，概括了不同解决方案的主要特征，每一种方案或许只实现了其中部分功能，或许也还有部分相对次要功能尚未概括进来。

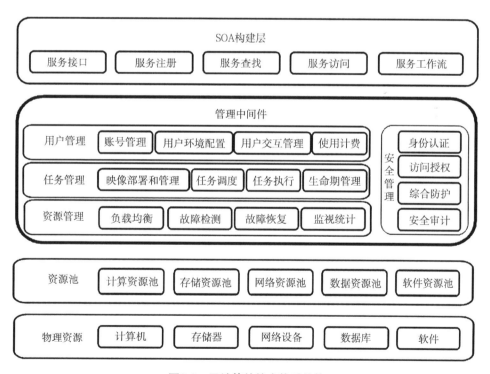

图2-2　云计算的技术体系结构

从图 2-2 可以看出，云计算技术体系结构分为四层：物理资源层、资源池层、管理中间件层、SOA 构建层。

（1）物理资源层：包括计算机、存储器、网络设施、数据库和软件等。

（2）资源池层：是将大量相同类型的资源构成同构或接近同构的资源池，如计算资源池、数据资源池等。构建资源池更多的是物理资源的集成和管理工作，如研究在一个标准集装箱的空间如何装下 2000 台服务器，解决散热和故障节点替换的问题并降低能耗。

（3）管理中间件层：负责对云计算的资源进行管理，并对众多应用任务进行调度，使资源能够高效、安全地为应用提供服务。

（4）SOA 构建层：将云计算能力封装成标准的 Web Services 服务，并纳入到 SOA 体系进行管理和使用，包括服务接口、服务注册、服务查找、服务访问和服务工作流等。

管理中间件层和资源池层是云计算技术的最关键部分，SOA 构建层的功能更多依靠外部设施提供。云计算的管理中间件层负责资源管理、任务管理、用户管理和安全管理等工作。

（1）资源管理：负责均衡地使用云资源节点，检测节点的故障并试图恢复或屏蔽之，并对资源的使用情况进行监视统计。

（2）任务管理：负责执行用户或应用提交的任务，包括完成用户任务映象（Image）的部署和管理、任务调度、任务执行、任务生命期管理等。

（3）用户管理：是实现云计算商业模式的一个必不可少的环节，包括提供用户交互接口、管理和识别用户身份、创建用户程序的执行环境、对用户的使用进行计费等。

（4）安全管理：保障云计算设施的整体安全，包括身份认证、访问授权、综合防护和安全审计等。

基于上述的体系结构，这里以 IaaS 云计算为例，简述云计算的实现机制（图 2-3）。用户交互接口向应用以 Web Services 方式提供访问接口，获取用户需求；服务目录是用户可以访问的服务清单；系统管理模块负责管理和分配所有可用的资源，其核心是负载均衡；配置工具负责在分配的节点上准备任务运行环境；监视统计模块负责监视节点的运行状态，并完成用户使用节点情况的统计。

其执行过程是：用户交互接口允许用户从目录中选取并调用一个服务。该请求传递给系统管理模块后，它将为用户分配恰当的资源，然后调用配置工具来为用户准备运行环境。

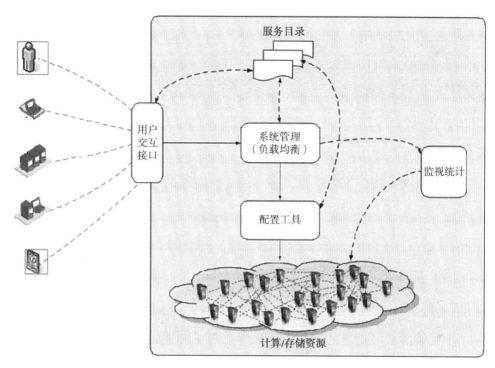

图2-3　云计算的简化实现机制

2.3 云计算的服务类型

　　云计算服务即云服务,是指可以拿来作为服务提供使用的云计算产品,包括云主机、云空间、云平台、云测试和云应用等。云计算服务将大量用网络连接的计算资源统一管理和调度,构成一个计算资源池向用户按需服务。用户通过网络以按需、易扩展的方式获得所需资源和服务。从云计算的服务模式,即服务的封装方法上而言,云计算可以提供三种类型的服务:IaaS、PaaS 和 SaaS。

　　如图 2-4 所示,IaaS 将虚拟化的计算资源直接按需提供给客户;PaaS 在虚拟化的云计算平台上建立支持多种业务的应用平台,再将开发环境、运行环境提供给客户;SaaS 在虚拟化的云计算平台上提供按需定制和快速部署的应用软件服务。下面,将分别对 IaaS、PaaS 和 SaaS 这三种服务类型做详细的介绍。

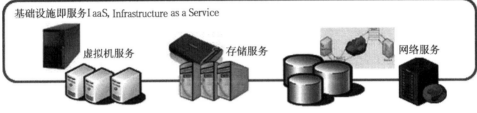

图2-4　云计算的服务类型

2.3.1　IaaS

通过 IaaS 这种服务模式，客户可以从云计算服务提供商那里获得所需要的计算、存储等资源来装载相关的应用，并只需为其所租用的那部分资源进行按需付费，同时这些基础设施繁琐的管理工作则交给 IaaS 服务提供商来负责。

其实，类似 IaaS 思想已经出现了很久，如 IDC 和 VPS（Virtual Private Server，虚拟专用服务器）等，但由于技术、性能、价格和使用等方面的缺失，这些服务并没有得到大中型企业广泛地采用。2006 年年底，亚马逊发布了 EC2 这个 IaaS 云服务，由于 EC2 在技术和性能等多方面的优势，使得这类型的技术终于得到业界广泛的认可和接受，其中就包括部分大型企业，如著名的纽约时报。

当前，典型的 IaaS 平台和服务主要有：Amazon EC2、IBM Blue Cloud、Cisco UCS 和 Joyent。

（1）Amazon EC2：EC2 主要以提供不同规格的计算资源（即虚拟机）为主，基于著名的开源虚拟化技术 Xen，通过亚马逊的各种优化和创新，使得 EC2 无论在性能上还是在稳定性上，都已经满足企业级的需求，同时 Amazon EC2 还提供了完善的 API 和 Web 管理界面，以方便用户的使用。

（2）IBM Blue Cloud：该解决方案是由 IBM 云计算中心开发的业界第一个企业级云计算解决方案，对企业现有的基础架构进行整合，通过虚拟化技术和自动化管理技术，来构建企业自己的云计算中心，并实现对企业硬件资源和软件资源的统一管理、统一分配、统一部署、统一监控和统一备份，同时打破了应用对资源的独占，从而帮助企业享受到云计算所带来的诸多优越性。

（3）Cisco UCS：Cisco UCS 是下一代数据中心平台，在一个紧密结合的系统中整合了计算、网络、存储与虚拟化功能。该系统包含一个低延时无丢包万兆以太网统一网络阵列，以及多台企业级 X86 架构刀片服务器等设备，并在一个统一的管理域中管理所有资源。用户可以通过在 UCS 上安装 VMware vSphere 来支撑多达几千台虚拟机的运行。通过 Cisco UCS，企业能够快速在本地数据中心搭建基于虚拟化技术的云环境。

（4）Joyent：Joyent 提供基于 Open Solaris 技术的 IaaS 服务，其核心是 Joyent Accelerator，它能够为 Web 应用开发人员提供基于标准的、非专有的、按需供应的虚拟化计算和存储解决方案。基于 Joyent Accelerator，用户可以使用具备多核 CPU、海量内存和存储的服务器设备来搭建自己的网络服务，并提供超快的访问、处理速度和超高的可靠性。

与传统的企业数据中心相比，IaaS 服务在以下几个方面具有明显的优势。

第一，维护方便：主要的维护工作都由 IaaS 云服务提供商负责，不需客户过多操心。

第二，节省成本：首先省去了用户前期的硬件购置成本，同时由于 IaaS 大都采用虚拟化技术，所以在应用和服务器的整合率普遍在 10 以上，这样能有效降低使用成本。

第三，开放标准：虽然很多 IaaS 平台都存在一定的私有功能，但是由于 OVF 等应用发布协议的诞生，IaaS 在跨平台方面稳步前进，从而使得应用能在多个 IaaS 上灵活地迁移，而不会被限定在某个固定的企业数据中心内。

第四，广泛支持应用：因为 IaaS 主要是提供虚拟机，而普通的虚拟机能支持多种操作系统，所以 IaaS 所支持应用的范围是非常广泛的。

第五，伸缩性强：IaaS 云只需几分钟就能提供用户一个新的计算资源，而传统的企业数据中心则往往需要几周时间，同时计算资源可以根据用户需求灵活扩展和收缩。

IaaS 的核心技术是虚拟化技术，可以理解它为基础设施层的"多租户"，因为通过虚拟化技术，能够在一个物理服务器上生成多个虚拟机，并且能在这些虚拟机之间实现全面的隔离，能降低服务器的购置成本和运维成本，成熟的基于 X86 的虚拟化技术主要有 VMware 的 ESX 和开源的 Xen。目前，大多数的 IaaS 服务都是基于 Xen 的，例如 Amazon EC2 等。我们将在下一章对虚拟化技术进行详细的介绍。

2.3.2 PaaS

PaaS 是在 IaaS 的基础上对计算资源的更进一步抽象，它为客户提供了应用程序的开发环境和运行环境，典型的 PaaS 平台有 Google App Engine、Microsoft Windows Azure。

PaaS 自身负责资源的动态扩展和容错管理，用户应用程序不必过多考虑节点间的配合问题。但同时用户的自主权降低，必须使用特定的编程环境并遵照特定的编程模型。这有点像在高性能集群计算机里进行 MPI 编程，只适用于解决某些特定的计算问题。例如，Google App Engine 只允许使用 Python 和 Java 语言、基于称作 Django 的 Web 应用框架、调用 Google App Engine SDK 来开发在线应用服务。

通过 PaaS 这种服务模式，用户可以在一个提供 SDK（Software Development Kit，软件开发工具包）、文档、测试环境和部署环境等在内的开发平台上，非常方便地编写和部署应用，而无需为服务器、操作系统、网络和存储等资源的运维而操心，这些繁琐的工作都由 PaaS 云服务提供商负责。同时，PaaS 的整合率极高，如一台运行 Google App Engine 的服务器能够支持成千上万的应用，也就是说，PaaS 是非常经济的。PaaS 主要面向的用户是应用程序开发人员。

业界的第一个 PaaS 平台诞生于 2007 年，是 Salesforce 的 Force.com，通过这个平台，用户不仅能使用 Salesforce 提供的完善的开发工具和框架来轻松地开发应用，而且能把应用直接部署到 Salesforce 的基础设施上，从而能利用其强大的多租户系统。2008 年 4 月，Google 推出了 Google App Engine，从而将 PaaS 所支持的服务范围从在线商业应用扩展到普通的 Web 应用，也使得越来越多的人开始熟悉和使用功能强大的 PaaS 服务。

当前，比较著名的 PaaS 产品主要有：Force.com、Google App Engine、Windows Azure Platform 和 Heroku。

（1）Force.com：如前所述，Force.com 是业界第一个 PaaS 平台，其主要通过提供完善的开发环境和强健的基础设施等来帮助企业和第三方供应商交付健壮的、可靠的和可伸缩的在线应用。另外，Force.com 本身是基于 Salesforce 著名的多租户的架构。

（2）Google App Engine：Google App Engine 提供谷歌的基础设施来让大家部署应用，它还提供一整套开发工具和 SDK 来加速应用的开发，并提供大量的免费额度来节省用户的开支。

（3）Windows Azure Platform：它是微软推出的 PaaS 产品，并运行在微软数据中心的服务器和网络基础设施上，通过公共互联网来对外提供服务，它由具有高扩展性云操作系统、数据存储网络和相关服务组成，同时其服务都是通过物理或虚拟的 Windows Server 2008 实例提供。另外，其附带的 Windows Azure SDK 提供了一整套开发、部署和管理 Windows Azure 云服务所需要的工具和 API。

（4）Heroku：是一个用于部署 Ruby On Rails 应用的 PaaS 平台，其底层基于 Amazon EC2 的 IaaS 服务。Heroku 在 Ruby 程序员中有非常好的口碑。

和现有的基于本地的开发和部署环境相比，PaaS 平台主要有以下几方面的优势。

第一，友好的开发环境：PaaS 平台提供 SDK 和 IDE（Integrated Development Environment，集成开发环境）等工具，让用户不仅能在本地方便地进行应用的开发和测试，而且能进行远程部署。

第二，丰富的服务：PaaS 平台会以 API 的形式将各种各样的服务提供给上层的应用。

第三，精细的管理和监控：PaaS 能够提供应用层的管理和监控。例如，能够观察应用运行的情况和具体数值（如吞吐量、响应时间等），以更好地衡量应用的运行状态，同时能够通过精确计量应用所消耗的资源来精确计费。

第四，伸缩性强：PaaS 平台会自动调整资源来帮助运行于其上的应用更好地应对突发流量。

第五，多租户（multi-tenant）机制：许多 PaaS 平台都支持多租户机制，不仅能更经济地支撑庞大的用户规模，而且能提供一定的可定制性，以满足用户的特殊需求。

第六，整合率和经济性：PaaS 平台的整合率非常高，如 Google App Engine 能在一台服务器上承载成千上万的应用。

PaaS 的关键技术主要包括分布式文件系统、NoSQL 数据库技术和并行编程模型（如 MapReduce）等，我们将在下一章对这些技术进行详细的介绍。

2.3.3 SaaS

与 IaaS 和 PaaS 相比，SaaS 的针对性更强，它将某些特定的应用软件功能封装成服务，如 Salesforce 公司提供的 CRM 服务。SaaS 既不像 IaaS 一样提供计算或存储资源类型的服务，也不像 PaaS 一样提供运行用户自定义应用程序的环境，它只提供某些专门用途的服务供用户直接使用。

通过 SaaS 服务模式，用户只要接入网络，通过浏览器，就能直接使用在云端上运行的应用，并由 SaaS 云服务提供商负责维护和管理云中的软硬件设施，同时以按需使用的方式向用户收费，所以用户不需要顾虑类似安装、升级和防病毒等琐事，并且免去初期高昂的硬件投入和软件许可证费用的支出。

SaaS 的前身是 ASP（Application Service Provider），其思想和 SaaS 很接近。最早的 ASP 厂商有 Salesforce.com 和 Netsuite，其后还有一批企业跟随进来。这些厂商在创业时都主要专注于在线 CRM 应用，但由于当时正值互联网泡沫破裂的时候，同时当时 ASP 本身的技术也并不成熟，还缺少定制和集成等重要功能，再加上当时欠佳的网络带宽，使得 ASP 没有受到市场的热烈欢迎，从而导致大批相关厂商破产。但是，2003 年以后，在 Salesforce 的带领下，一些 ASP 企业喊出了 SaaS 这个口号，并随着技术和商业这两方面的不断成熟，使得 Salesforce、WebEx 和 Zoho 等国外 SaaS 企业获得了成功，而中国国内的用友、金算盘、金碟、阿里巴巴和八百客等企业也加入到 SaaS 的浪潮中。

SaaS 产品起步较早，而且开发成本低，所以在目前的市场上，SaaS 产品在数量和类别上都非常丰富，同时也出现了多款经典产品，其中最具代表性的是 Google Apps、Salesforce CRM、Office Web Apps 和 Zoho。

（1）Google Apps：提供包括企业版 Gmail、日历、文档和协作平台等多个在线办公工具，而且价格低廉，使用方便，目前已经有超过两百万家企业购买了 Google Apps 服务。

（2）Salesforce CRM：它是一款在线客户管理工具，并在销售、市场营销、服务和合作伙伴这四个商业领域上提供完善的 IT 支持，还提供强大的定制和扩展机制，以让用户的业务更好地运行在 Salesforce 的平台上。这款产品常被业界视为 SaaS 产品的"开山之作"。

（3）Office Web Apps：它是微软开发的在线版 Office，提供基于 Office 2010 技术的简易版 Word、Excel、PowerPoint 及 OneNote 等功能，属于 Windows Live 的一部分，并与微软的 SkyDrive 云存储服务深度整合，同时兼容 Firefox、Safari 和 Chrome 等非 IE 系列浏览器。和其他在线 Office 相比，它的最大优势在于：由于其本身属于 Office 2010 的一部分，所以在与 Office 文档的兼容性方面远胜其他在线 Office 服务。

（4）Zoho：Zoho 是 AdventNet 公司开发的一款在线办公套件，在功能方面是现在业界最全面的，它包括邮件、CRM、项目管理、Wiki、在线会议、论坛和人力资源管理等几十个在线工具供用户选择。目前包括美国通用电气在内的多家大中型企业已经开始在其内部引入 Zoho 的在线服务。

虽然和传统的本地桌面软件相比，现有的 SaaS 服务在功能方面还稍逊一筹，但是其优势也是十分明显的，主要有以下几个方面。

第一，方便使用：在任何时间、任何地点，只要接入网络，用户就能访问 SaaS 服务，而且无需任何的安装、升级和维护。

第二，支持公开协议：现有的 SaaS 服务在公开协议（如 HTML4/5）的支持方面做得很好，使得用户只需一个浏览器就能对 SaaS 应用进行使用和访问，这样对用户而言，非常方便。

第三，安全保障：SaaS 供应商需要提供一定的安全机制，不仅要使存储在云端的用户数据处于绝对安全的境地，而且也要通过一定的安全机制来确保与用户之间通信的安全。

第四，初期成本低：使用 SaaS 服务不仅无需在使用前购买许可证，同时几乎所有的 SaaS 供应商都提供免费的试用。

目前，SaaS 所使用的技术主要是 Web 相关技术，如 HTML、JavaScript、CSS 和

Flash 等。

需要指出的是,随着云计算的深入发展,不同云计算解决方案之间相互渗透融合,同一种云计算产品往往横跨两种以上服务类型。例如, Amazon Web Services（AWS）是以 PaaS 开始的,但其新提供的弹性 MapReduce 服务模仿了谷歌的 MapReduce,简单数据库服务 SimpleDB 模仿了谷歌的 BigTable,这二者均属于 PaaS 的服务类型,而其新提供的电子商务服务 FPE 和 DevPay 以及网站访问统计服务 Alexa Web 服务,则属于 SaaS 的服务类型。

2.4 云计算的部署模式

在实际情况下,为了适应用户不同的需求,云计算可以演变为不同的部署模式。在 NIST（美国国家标准技术研究所）的一篇名为 *The NIST Definition of Cloud Computing* 的关于云计算概念的著名文档中,定义了云的 4 种部署模式:公有云、私有云、混合云和行业云。下面对这 4 种部署模式做一个简要的介绍。

2.4.1 公有云

公有云是当前最主流、最受欢迎的云计算部署模式。它是一种对公众开放的云服务,能支持数目庞大的服务请求,同时由于规模的优势,其成本较低。公有云由云服务供应商运行,为最终用户提供各种各样的 IT 资源。云供应商负责从应用程序、软件运行环境到物理基础设施等 IT 资源的安全、管理、部署和维护。在使用 IT 资源时,用户只需为其所使用的资源付费,无需任何前期投入,所以非常经济;同时在公有云中,用户不清楚与其共享和使用资源的还有其他哪些用户,整个平台是如何实现的,甚至无法控制实际的物理设施,所以云服务提供商能保证其所提供的资源具备安全和可靠等非功能性需求。

许多 IT 巨头都推出了它们自己的公有云服务,包括亚马逊的 AWS、微软的 Windows Azure Platform、谷歌的 Google Apps 与 Google App Engine 等, 一些过去著名的 VPS 和 IDC 厂商也推出了它们自己的公有云服务, 如 Rackspace 的 Rackspace Cloud 和国内世纪互联的 CloudEx 云快线等。

1. 构建方式

在公有云的构建方式方面,目前主要有 3 种方法。

（1）独自构建:云供应商利用自身优秀的工程师团队和开源的软件资源,购买大量零部件来构建服务器、操作系统,乃至整个云计算中心。这种独自构建的好处是,能为自己的需求作最大限度的优化,但是需要一个非常专业的工程师团队,所以业界这样做的基本上只有谷歌一家。

（2）联合构建：云供应商在构建的时候，在部分软硬件上选择商业产品，而其他方面则会选择自建。联合构建的好处是避免自己的团队涉足一些不熟悉的领域，而在自己所擅长的领域上大胆创新。这方面最明显的例子莫过于微软。在硬件方面，它并没有像谷歌那样选择自建，而是采购了惠普和戴尔的服务器，但是在其擅长的软件方面选择了自主研发，如采用 Windows Server 2008、IIS 服务器和.NET 框架。

（3）购买商业解决方案。有一部分云供应商在建设云之前缺乏相关的技术积累，所以会稳妥地购买比较成熟的商业解决方案。这样购买商业解决方案的做法虽然很难提升云供应商自身的竞争力，但是在风险方面与前两种构建方式相比，它更稳妥。在这方面，无锡的云计算中心是一个不错的典范。无锡购买了 IBM 的 Blue Cloud 云计算解决方案，所以在半年左右的时间内就能向其整个高新技术园区开放公有云服务，而且在这之前，无锡基本上没有任何与云计算相关的技术储备。

2. 优势

公有云在许多方面都有其优势，主要有以下 4 个方面。

（1）规模大：因为公有云的公开性，它能聚集来自于整个社会并且规模庞大的工作负载，从而产生巨大的规模效应。例如，能降低每个负载的运行成本或者为海量的工作负载作更多优化。

（2）价格低廉：对用户而言，公有云完全是按需使用的，无需任何前期投入，所以与其他模式相比，公有云在初始成本方面有非常大的优势。并且就像上面提到的那样，随着公有云的规模不断增大，它将不仅使云供应商受益，而且也会相应地降低用户的开支。

（3）灵活：对用户而言，公有云在容量方面几乎是无限的，就算用户所需求的量近乎疯狂，公有云也能非常快地满足。

（4）功能全面：公有云在功能方面非常丰富，如支持多种主流的操作系统和成千上万个应用。

3. 不足

另外，公有云也有一些不足之处。

（1）缺乏信任：虽然在安全技术方面，公有云有很好的支持，但是由于其存储数据的地方并不是在企业本地，所以企业会不可避免地担忧数据的安全性。

（2）不支持遗留环境：现在公有云技术基本上都是基于 X86 架构的，在操作系统上普遍以 Linux 或者 Windows 为主，所以对于大多数遗留环境没有很好的支持，如基于大型机的 Cobol 应用等。

4. 展望

由于公有云在规模和功能等方面的优势，它会受到绝大多数用户的欢迎。从长远来看，像公共电厂一样，公有云将会成为云计算最主流甚至是唯一的模式，因为其在规模、价格和功能等方面的潜力巨大。但是在短期之内，因为信任和遗留等方面的不足会降低公有云对企业的吸引力，特别是大型企业。

2.4.2　私有云

目前，关于云计算，虽然人们谈论最多的莫过于以 Amazon EC2 和 Google App Engine 为代表的公有云，但是对许多大中型企业而言，因为很多限制和条款，它们在短时间内很难大规模地采用公有云技术，可是它们也期盼云所带来的便利，所以引出了私有云这一云计算模式。私有云主要为企业内部提供云服务，不对公众开放，在企业的防火墙内工作，并且企业 IT 人员能对其数据、安全性和服务质量进行有效地控制。与传统的企业数据中心相比，私有云可以支持动态灵活的基础设施，降低 IT 架构的复杂度，使各种 IT 资源得以整合和标准化。

在私有云方面，主要有两大阵营：一是 IBM 与其合作伙伴，主要推广的解决方案有 IBM Blue Cloud 和 IBM CloudBurst；二是由 VMware、Cisco 和 EMC 组成的 VCE 联盟，它们主推的是 Cisco UCS 和 vBlock。目前，已经建设成功的私有云主要有采用 IBM Blue Cloud 技术的中化云计算中心和采用 Cisco UCS 技术的 Tutor Perini 云计算中心。

1. 构建方式

构建私有云的方式主要有两种。一是独自构建，通过使用诸如 Enomaly 和 Eucalyptus 等软件将现有硬件整合成一个云。这比较适合预算少或者希望重用现有硬件的企业。其二是购买商业解决方案，通过购买 Cisco 的 UCS 和 IBM 的 Blue Cloud 等方案来一步到位，这比较适合那些有实力的企业和机构。

2. 优势

私有云主要在企业数据中心内部运行，并且由企业的 IT 团队来进行管理，所以这种模式在下面几个方面有出色的表现。

（1）数据安全：虽然每个公有云的供应商都对外宣称其服务在各方面都非常安全，特别是在数据管理方面，但是对企业，尤其是大型企业而言，和业务相关的数据是其生命线，是不能受到任何形式的威胁和侵犯的，而且需要严格地控制和监视这些数据的存储方式和位置。所以短期来看，大型企业是不会将其关键应用部署到公有云上的。而私有云在这方面是非常有优势的，因为它一般都构筑在防火墙内，企业会比较放心。

（2）服务质量：因为私有云一般在企业内部，而不是在某一个遥远的数据中心中，所以当公司员工访问那些基于私有云的应用时，它的服务质量应该会非常稳定，不会受到远程网络偶然发生异常的影响。

（3）充分利用现有硬件资源：每个公司，尤其是大公司，都会拥有很多低利用率的硬件资源，可以通过一些私有云解决方案或者相关软件，让它们重获"新生"。

（4）支持定制和遗留应用：现有公有云所支持应用的范围都偏主流，偏 X86，对一些定制化程度高的应用和遗留应用就很有可能束手无策，但是这些往往都属于一个企业最核心的应用，如大型机、Unix 等平台的应用。这时，私有云可以说是一个不错的选择。

（5）不影响现有 IT 企业管理的流程：对大型企业而言，流程是其管理的核心，如果没有完善的管理流程，企业将会成为一盘散沙。实际情况是，不仅企业内部和业务有关的流程非常多，而且 IT 部门的自身流程也不少，而且大多都不可或缺，如那些和 Sarbanes-Oxley 相关的流程。在这方面，私有云的适应性比公有云好很多，因为 IT 部门能完全控制私有云，这样他们有能力使私有云比公有云更好地与现有流程进行整合。

3. 不足

私有云也有其不足之处。首先，成本开支高，因为建立私有云需要很高的初始成本，特别是如果需要购买大厂家的解决方案时更是如此；其次，由于需要在企业内部维护一支专业的云计算团队，所以其持续运营成本也同样偏高。

4. 展望

在将来很长一段时间内，私有云将成为大中型企业最认可的云计算部署模式，而且将极大地增强企业内部的 IT 能力，并使整个 IT 服务围绕着业务展开，从而更好地为业务服务。

2.4.3 混合云

混合云虽然不如前面的公有云和私有云常用，但已经有类似的产品和服务出现。顾名思义，混合云是把公有云和私有云结合到一起的方式，即它是让用户在私有云的私密性和公有云灵活的低廉之间做一定权衡的模式。例如，企业可以将非关键的应用部署到公有云上来降低成本，而将安全性要求很高、非常关键的核心应用部署到完全私密的私有云上。

现在混合云的实例很少，最相关的就是 Amazon VPC（Virtual Private Cloud，虚拟私有云）和 VMware vCloud 了。例如，通过 Amazon VPC 服务能将 Amazon EC2 的部分计算能力接入到企业的防火墙内。

1. 构建方式

混合云的构建方式有两种。一是外包企业的数据中心，企业搭建一个数据中心，但具体维护和管理工作都外包给专业的云供应商，或者邀请专业的云供应商直接在厂区内搭建专供本企业使用的云计算中心，并在建成之后，负责今后的维护工作。二是购买私有云服务。通过购买 Amazon 等云供应商的私有云服务，能将一些公有云纳入到企业的防火墙内，并且在这些计算资源和其他公有云资源之间进行隔离，同时获得极大的控制权，也减少了维护麻烦。

2. 优势

通过使用混合云，企业可以享受接近私有云的私密性和接近公有云的成本，并且能快速接入大量位于公有云的计算能力，以备不时之需。

3. 不足

现在可供选择的混合云产品较少，而且在私密性方面不如私有云好，在成本方面也不如公有云低，操作起来较复杂。

4. 展望

混合云比较适合那些初次尝试使用云计算的企业，以及面对突发流量但不愿将企业 IT 业务都迁移至公有云的企业。虽然混合云不是长久之计，但是它应该也会有一定的市场空间，并且也将会有一些厂商推出类似的产品。

2.4.4　行业云

行业云虽然较少提及，但是有一定的潜力，主要指的是专门为某个行业的业务设计的云，并且开放给多个同属于这个行业的企业。

虽然行业云现在还没有一个成熟的例子，但盛大的开放平台颇具行业云的潜质，因为它能将其整个云平台共享给多个小型游戏开发团队，这样这些小型团队只需负责游戏的创意和开发即可，其他和游戏相关的繁琐的运维可转交给盛大的开放平台来负责。

1. 构建方式

在构建方式方面，行业云主要有两种方式。一是独自构建：某个行业的领导企业自主创建一个行业云，并与其他同行业的公司分享。二是联合构建：多个同类型的企业可以联合建设和共享一个云计算中心，或者邀请外部的供应商来参与其中。

2. 优势

能为行业的业务作专门的优化。和其他的云计算模式相比，这不仅能进一步方便用户，而且能进一步降低成本。

3. 不足

缺点是支持的范围较小，只支持某个行业，同时前期建设成本较高。

4. 展望

行业云非常适合那些业务需求比较相似，而且对成本非常关注的行业。虽然现在还没有非常好的实例，但是对部分行业存在一定的吸引力，如游戏业。

2.5 本章小结

本章对云计算的体系结构，包括逻辑的和技术的体系结构，进行了阐述；详细介绍了云计算的三种服务类型：IaaS、PaaS 和 SaaS，分别分析了它们的概念、演化过程、典型平台和特点；详细介绍了云计算的部署模式，包括公有云、私有云、混合云和行业云等，并分别分析了它们的构建方式、优势、不足以及发展趋势。

2.6 习题

1. 通过调研，总结各种IaaS平台Amazon EC2、IBM Blue Cloud、Cisco UCS和Joyent等的区别和联系。
2. 阐述虚拟化技术的实现原理和当前的主要技术方案。
3. 简述云计算的技术体系结构和服务类型之间的关系。
4. 通过调研，举出云计算的其他的部署模式。

第3章　云计算的关键技术

按需部署、按需服务是云计算的核心，要解决好上述问题，必须解决好资源的动态可重构、自动化部署，以及服务的灵活、可靠、安全的提供等问题，这些需要数据中心技术、虚拟化技术、并行编程技术、海量数据的存储和管理技术、资源管理技术、QoS 保证策略、安全与隐私保护等技术的支撑。这些技术共同构成了云计算的关键技术，本章将就这些关键技术进行详细的介绍。

3.1 数据中心相关技术

关于数据中心，维基百科的定义是："数据中心是一整套复杂的设施，它不仅仅包括计算机系统和其他与之配套的设备（如通信和存储系统），还包含冗余的数据通信连接、环境控制设备、监控设备及各种安全装置"。谷歌在其发布的 *The Datacenter as a Computer* 一书中的定义是："多功能的建筑物，能容纳多个服务器及通信设备。这些设备被放置在一起是因为它们具有相同的对环境的要求以及物理安全上的需求，并且这样放置便于维护，而并不仅仅是一些服务器的集合"。

数据中心是云计算的核心，其资源规模与可靠性对上层的云计算服务有着重要影响。谷歌、脸书等公司十分重视数据中心的建设。2009 年，脸书的数据中心拥有 30 000 个计算节点，截至 2010 年，计算节点数量更是达到 60 000 个；谷歌公司平均每季度投入约 6 亿美元用于数据中心建设，其中仅 2010 年第 4 季度便投入了 25 亿美元。

与传统的企业数据中心不同，云计算数据中心具有以下特点：

（1）自治性：相较传统的数据中心需要人工维护，云计算数据中心的大规模性要求系统在发生异常时能自动重新配置，并从异常中恢复，而不影响服务的正常使用。

（2）规模经济：通过对大规模集群的统一化、标准化管理，使单位设备的管理成本大幅降低。

（3）规模可扩展：考虑到建设成本及设备更新换代，云计算数据中心往往采用大规模高性价比的设备组成硬件资源，并提供扩展规模的空间。

基于以上特点，云计算数据中心的相关研究工作主要集中在两个方面：①研究新型的数据中心网络拓扑，以低成本、高带宽、高可靠的方式连接大规模计算节点；②研究有效的绿色节能技术，以提高效能比，减少环境污染。

3.1.1 数据中心网络设计

目前，大型的云计算数据中心由上万个计算节点构成，而且节点数量呈上升趋势。计算节点的大规模性对数据中心网络的容错能力和可扩展性带来挑战。

然而，面对以上挑战，传统的树型结构网络拓扑（图3-1）存在一些缺陷。首先，可靠性低，若汇聚层或核心层的网络设备发生异常，网络性能会大幅下降。其次，可扩展性差，因为核心层网络设备的端口有限，难以支持大规模网络。最后，网络带宽有限，在汇聚层，汇聚交换机连接边缘层的网络带宽远大于其连接核心层的网络带宽，所以对于连接在不同汇聚交换机的计算节点来说，它们的网络通信容易受到阻塞。

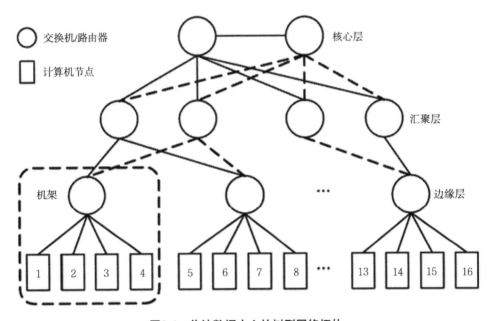

图3-1　传统数据中心的树型网络拓扑

为了弥补传统拓扑结构的缺陷，研究者提出了 VL2、PortLand、DCell、BCube 等新型的网络拓扑结构。这些拓扑在传统的树型结构中加入了类似于 mesh 的构造，使得节点之间连通性与容错能力更高，易于负载均衡。同时，这些新型的拓扑结构利用小型交换机便可构建，使得网络建设成本降低，节点更容易扩展。

以 PortLand 为例（图3-2），PortLand 借鉴了 Fat-Tree 拓扑的思想，可以由 $5k^2/4$ 个 k 口交换机连接 $k^3/4$ 个计算节点。PortLand 由边缘层、汇聚层、核心层构成。其中边缘层和汇聚层可分解为若干 Pod，每一个 Pod 含 k 台交换机，分属边界层和汇聚层（每层 $k/2$ 台交换机）。Pod 内部以完全二分图的结构相连。边缘层交换机连接计算节点，每个 Pod 可连接 $k^2/4$ 个计算节点。汇聚层交换机连接核心层交换机，每个 Pod 连接 $k^2/4$ 台核心层交换机。基于 PortLand，可以保证任意两点之间有多条通路，计算节点在任何时刻两两之间可无阻塞通信，从而满足云计算数据中心高可靠性、高带宽的需求。同时，PortLand 可以利用小型交换机连接大规模计算节点，既带来良好的可扩展性，又降低了数据中心的建设成本。

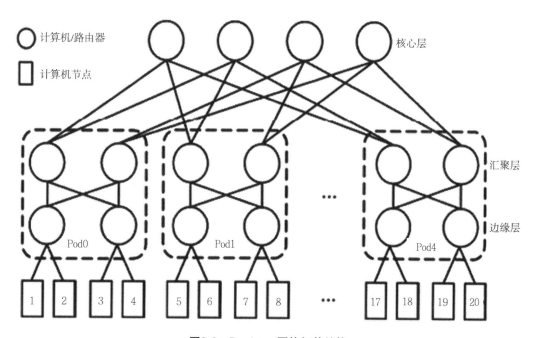

图3-2 PortLand网络拓扑结构

3.1.2 数据中心节能技术

云计算数据中心规模庞大，为了保证设备正常工作，需要消耗大量的电能。据估计，一个拥有 50 000 个计算节点的数据中心每年耗电量超过 1 亿千瓦时，电费达到 930 万美元。因此需要研究有效的绿色节能技术，以解决能耗开销问题。实施绿色节能技术，不仅可以降低数据中心的运行开销，而且能减少二氧化碳的排放，有助于环境保护。

当前，数据中心能耗问题得到工业界和学术界广泛关注。谷歌的分析表明，云计算数据中心的能源开销主要来自计算机设备、不间断电源、供电单元、冷却装置、新风系统、增湿设备及附属设施（如照明、电动门等）。如图 3-3 所示，IT 设备和冷却装置的能耗比例较大。

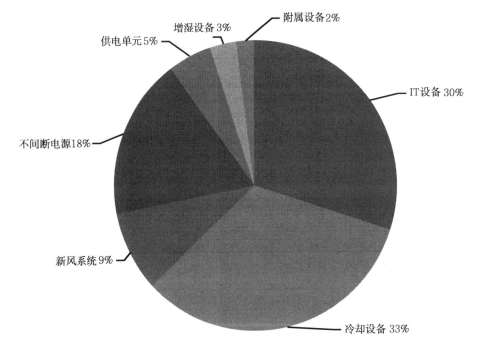

图3-3　数据中心的能耗分布

　　因此，需要首先针对 IT 设备能耗和制冷系统进行研究，以优化数据中心的能耗总量或在性能与能耗之间寻求最佳的折衷。针对 IT 设备能耗优化问题，Nathuji 等提出一种面向数据中心虚拟化的自适应能耗管理系统 Virtual Power，该系统通过集成虚拟化平台自身具备的能耗管理策略，以虚拟机为单位为数据中心提供一种在线能耗管理能力。Pallipadi 等根据 CPU 利用率，控制和调整 CPU 频率以达到优化 IT 设备能耗的目的。Rao 等研究多电力市场环境中，如何在保证服务质量前提下优化数据中心能耗总量的问题。针对制冷系统能耗优化问题，Samadiani 等综合考虑空间大小、机架和风扇的摆放以及空气的流动方向等因素，提出一种多层次的数据中心冷却设备设计思路，并对空气流和热交换进行建模和仿真，为数据中心布局提供理论支持。此外，数据中心建成以后，可采用动态制冷策略降低能耗。例如对处于休眠的服务器，可适当关闭一些制冷设施或改变冷气流的走向，以节约成本。

3.2 虚拟化技术

3.2.1 什么是虚拟化

　　虚拟化技术是云计算系统的核心技术之一，是将各种计算及存储资源充分整合和高效利用的关键技术。实质上，虚拟化是为某些对象创造的虚拟版本，如操作系统、计算机系统、存储设备和网络资源等。它是表示计算机资源的抽象方法，通过虚拟化可以用与访问抽象前资源一致的方法访问抽象后的资源，可以为一组类似资源提供一个通用的抽象接口集，从而隐藏属性和操作之间的差异，并允许通过一种通用的方式来查看和维护资源。所以，简单来说，虚拟化就是资源的抽象化。

作为一种技术，虚拟化可支持用户提取和划分硬件资源，并在多个操作系统环境中进行分配。在此基础上，能够支持将一个硬件平台用作多个"虚拟"平台。虚拟化可以通过各种技术来实现，例如模拟、模仿，以及资源的硬件或软件分区等。虚拟化概念已不是新鲜事物，凭借当前强大的可用计算能力，用户已能够在单一系统上实现可行的软件虚拟化。对于用户而言，理想的虚拟化解决方案应能够提供在不同虚拟机之间实现彻底隔离，并为每个虚拟机提供卓越性能，同时确保整个平台的出色可用性、可靠性和安全性。

虚拟机（Virtual Machine）、虚拟机监视器（Virtual Machine Monitor，VMM 或 Hypervisor）、客户操作系统是虚拟化技术的几个重要概念。虚拟机是指通过虚拟化技术模拟的具有完整硬件系统功能的、运行在一个完全隔离环境中的完整计算机系统；虚拟机监视器，指虚拟机系统是通过在现有平台（硬件资源或操作系统）上增加一个虚拟层 VMM 来实现的，VMM 是一个系统软件，可以维护多个高效的、隔离的程序环境；客户操作系统是指在虚拟机里运行的操作系统。

3.2.2　虚拟化技术的分类

虚拟化技术的分类角度有很多种，当前业界习惯从实现方式、抽象层位置、应用领域几个不同角度对虚拟化进行分类，总结如下。

1. 按实现方式分类

根据实现方式的不同，虚拟化技术可以分为软件虚拟化、硬件虚拟化两种。

1）软件虚拟化

软件虚拟化是纯软件的解决方案，一般我们所说的虚拟机就是一种纯软件的解决方案。但是，纯软件虚拟化解决方案存在很多限制，客户操作系统很多情况下是通过虚拟机监视器来与硬件进行通信，由 VMM 来决定其对系统上所有虚拟机的访问。

2）硬件虚拟化

硬件虚拟化就是用软件来虚拟一台标准电脑的硬件配置，如 CPU、内存、硬盘、声显卡、光驱等，成为一台虚拟的裸机，然后就可以在上面安装操作系统了。CPU 的虚拟化技术是一种硬件方案，支持虚拟技术的 CPU 带有特别优化过的指令集来控制虚拟过程，通过这些指令集，VMM 很容易提高性能。

2. 按抽象层位置分类

根据抽象层位置的不同，虚拟化技术可以分为完全虚拟化、准虚拟化、操作系统虚拟化、应用程序虚拟化四种。

1）完全虚拟化

完全虚拟化是指在虚拟服务器（客户操作系统）和底层硬件之间建立一个抽象层（VMM，即 Hypervisor），是处理器密集型技术。这种技术的设计目标是在单台服务器上实现多种不同操作系统，其特征是对硬件资源进行虚拟化，使之成为可管理的、独立的"虚拟机"（图 3-4）。完全虚拟化几乎可以使任何一款操作系统不用改动就可以以虚拟机的形式运行，且不知道自己运行在虚拟化环境下。这种技术的缺点是虚拟化给处理器带来较大的开销，同时限制是操作系统必须要支持底层硬件。目前主要的完全虚拟化产品有 VMware ESX 和 Microsoft 的 Virtual PC。

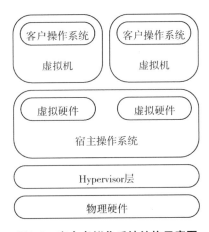

图3-4 完全虚拟化系统结构示意图

2）准虚拟化

准虚拟化使用了一个 Hypervisor 来实现对底层硬件的共享访问，还将与虚拟化有关的代码集成到了操作系统本身中（图 3-5）。与完全虚拟化相比，准虚拟化需要对操作系统进行修改，以降低额外损耗，从而提供比硬件虚拟化技术更高的效率。但是，准虚拟化的缺点是必须修改客户操作系统，因为准虚拟化为了提高效率，必须要让客户操作系统本身意识到自己运行在虚拟机上，在客户操作系统的内核中需要有方法来与 Hypervisor 进行协调。这个缺点很大程度上影响了准虚拟化技术的普及，虽然 Linux 等系统可以修改，但其他不能修改的系统就很难应用了。目前最著名的准虚拟化产品是开源项目 Xen。

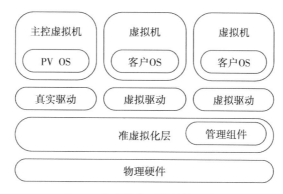

图3-5　准虚拟化系统结构示意图

3）操作系统虚拟化

操作系统虚拟化的概念是基于共用操作系统，由于不包含额外的虚拟化处理层，所以它提供了一个更瘦的架构体系。这项技术是在操作系统层面增添虚拟服务器功能，主要限制在于它不支持在一台物理服务器实现多种操作系统（图 3-6）。如果希望在单台Linux、Windows 或 Sun Solaris 物理服务器集成或部署多种不同操作系统的虚拟服务器，就不适合选择操作系统虚拟化技术。Parallels 的 Virtuozzo 和 Sun 的 Solaris Container是这种技术的两种实现。 Solaris Container 显然只支持 Solaris，而 Virtuozzo 同时支持Linux 和 Windows。Linux 版 Virtuozzo 服务器支持在虚拟服务器上实现同版本内核的不同 Linux 发行版。

图3-6　操作系统虚拟化系统结构示意图

4）应用程序虚拟化

应用程序虚拟化的思想是将单个应用程序的文件、注册键以及其他相关的配置封装成为一个新的数据结构（通常为一个具有特定格式的文件），以方便应用程序的安装和删除等。目前，应用程序虚拟化技术主要的产品有：微软的 SoftGrid 、Citrix 的 StreamServer、Thinstall Virtualization Suite 和 VMware 的 ThinApp 等。

3. 按应用领域分类

根据应用领域的不同，虚拟化技术可以分为服务器虚拟化、存储虚拟化、平台虚拟化、桌面虚拟化四种。其中，服务器虚拟化是虚拟化技术在云计算时代最重要的应用领域。

1）服务器虚拟化

在服务器虚拟化中，虚拟化软件需要实现对硬件资源的分配、调度和管理，虚拟机与宿主操作系统及多个虚拟机间的隔离等功能，它的主要功能技术是在一个物理服务器上运行多个虚拟服务器；可以使一个物理服务器虚拟成若干个服务器使用。服务器的虚拟化还有自动故障恢复、负载均衡、统一管理以及快速部署等功能。

服务器虚拟化技术可以使一个物理服务器虚拟成若干个服务器使用，如图 3-7 所示。服务器虚拟化是 IaaS 的重要基础。

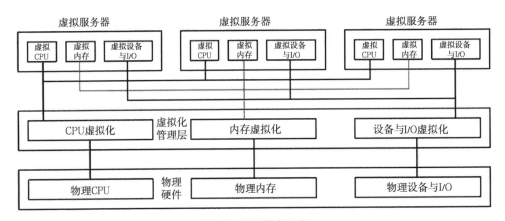

图3-7　服务器虚拟化

具体地，服务器虚拟化需要具有以下功能和特点。

（1）多实例：在一个物理服务器上可以运行多个虚拟服务器。

（2）隔离性：在多实例的服务器虚拟化中，一个虚拟机与其他虚拟机完全隔离，以保证良好的可靠性及安全性。

（3）CPU 虚拟化：把物理 CPU 抽象成虚拟 CPU，无论任何时间，一个物理 CPU 只能运行一个虚拟 CPU 的指令。而多个虚拟机同时提供服务将会大大提高物理 CPU 的利用率。

（4）内存虚拟化：统一管理物理内存，将其包装成多个虚拟的物理内存分别供给若干个虚拟机使用，使得每个虚拟机拥有各自独立的内存空间，互不干扰。

（5）设备与 I/O 虚拟化：统一管理物理机的真实设备，将其包装成多个虚拟设备给若干个虚拟机使用，响应每个虚拟机的设备访问请求和 I/O 请求。

（6）自动故障恢复：运用虚拟机之间的快速在线迁移技术（Live Migration），可以使一个故障虚拟机上的用户在没有明显感觉的情况下迅速转移到另一个新开的正常虚拟机上。

（7）负载均衡：利用调度和分配技术，平衡各个虚拟机和物理机之间的利用率。

（8）统一管理：由多个物理服务器支持的多个虚拟机的动态实时生成、启动、停止、迁移、调度、负荷、监控等应当有一个方便易用的统一管理界面。

（9）快速部署：整个系统要有一套快速部署机制，对多个虚拟机及上面的不同操作系统和应用进行高效部署、更新和升级。

2）存储虚拟化

存储虚拟化的思想是将存储资源的逻辑映像与物理存储分开，将整个系统的存储资源进行统一整合管理，从而为系统和管理员提供一幅简化、无缝的资源虚拟视图（图3-8）。对于用户来说，虚拟化的存储资源就像是一个巨大的"存储池"，用户不会看到具体的磁盘、磁带，也不必关心自己的数据经过哪一条路径通往哪一个具体的存储设备。

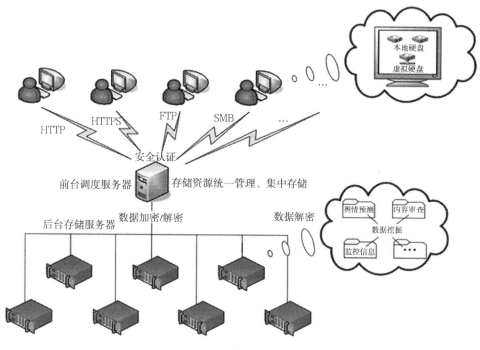

图3-8　存储虚拟化

具体地，存储虚拟化具有以下功能和特点。

（1）集中存储：存储资源统一整合管理，集中存储，形成数据中心模式。

（2）分布式扩展：存储介质易于扩展，由多个异构存储服务器实现分布式存储，以统一模式访问虚拟化后的用户接口。

（3）节能减排：服务器和硬盘的耗电量巨大，为提供全时段数据访问，存储服务器及硬盘不可以停机。但为了节能减排，需要利用更合理的协议和存储模式，尽可能减少开启服务器和硬盘的次数。

（4）虚拟本地硬盘：存储虚拟化应当便于用户使用，最方便的形式是将云存储系统虚拟成用户本地硬盘，使用方法与本地硬盘相同。

（5）安全认证：新建用户加入云存储系统前，必须经过安全认证并获得证书。

（6）数据加密：为保证用户数据的私密性，将数据存到云存储系统时必须加密。加密后的数据除被授权的特殊用户，其他人一概无法解密。

（7）层级管理：支持层级管理模式，即上级可以监控下级的存储数据，而下级无法查看上级或平级的数据。

3）平台虚拟化

平台虚拟化是集成各种开发资源虚拟出的一个面向开发人员的统一接口，软件开发人员可以方便地在这个虚拟平台中开发各种应用并嵌入到云计算系统中，使其成为新的云服务供用户使用（图3-9）。

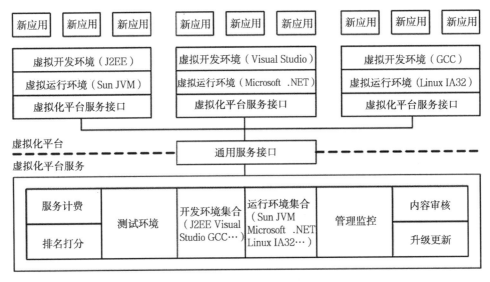

图3-9　平台虚拟化

具体地，平台虚拟化具有以下功能和特点。

（1）通用接口：支持各种通用的开发工具和由其开发的软件，包括 C、C++、Java、C#、Delphi、Basic 等。

（2）内容审核：各种开发软件（服务）在接入平台前都将被严格审核，包括上传人的身份认证，以保证软件及服务非盗版、无病毒及合法性。

（3）测试环境：一项服务在正式推出之前必须在一定的测试环境中经过完整的测

试才行。

（4）服务计费：完整合理的计费系统可以保证服务提供人获得准确的收入，而虚拟平台也可以得到一定比例的管理费。

（5）升级更新：允许服务提供者不断完善自己的服务，平台要提供完善的升级更新机制。

（6）管理监控：整个平台需要有一个完善的管理监控体系，以防出现非法行为。

4）桌面虚拟化

桌面虚拟化将用户的桌面环境与其使用的终端设备解耦，服务器上存放的是每个用户的完整桌面环境，用户可以使用具有足够处理和显示功能的不同终端设备通过网络访问该桌面环境（图 3-10）。

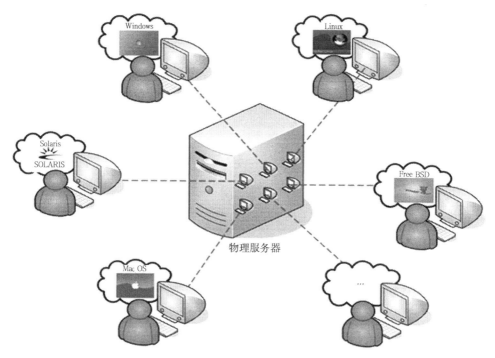

图3-10 桌面虚拟化

具体地，桌面虚拟化具有以下功能和特点。

（1）集中管理维护：集中在服务器端管理和配置 PC 环境及其他客户端需要的软件，可以对企业数据、应用和系统进行集中管理、维护和控制，以减少现场所需工作量。

（2）使用连续性：确保终端用户下次在另一个虚拟机上登录时，依然可以继续以前的配置和存储文件内容，让使用具有连续性。

（3）故障恢复：桌面虚拟化是用户的桌面环境被保存为一个个虚拟机，通过对虚拟机进行快照和备份，就可以快速恢复用户的故障桌面，并实时迁移到另一个虚拟机上继续进行工作。

（4）用户自定义：用户可以选择自己喜欢的桌面操作系统、显示风格、默认环境，以及其他各种自定义功能。

3.2.3 云计算中的虚拟化技术

数据中心为云计算提供了大规模资源，为了实现云计算基础设施服务的按需分配，需要研究虚拟化技术。虚拟化是 IaaS 的重要组成部分，也是云计算的最重要特点。在云计算的应用场景下，虚拟化技术可以提供以下特点。

（1）资源分享：通过虚拟机封装用户各自的运行环境，有效实现多用户分享数据中心资源。

（2）资源定制：用户利用虚拟化技术，配置私有的服务器，指定所需的 CPU 数目、内存容量、磁盘空间，实现资源的按需分配。

（3）细粒度资源管理：将物理服务器拆分成若干虚拟机，可以提高服务器的资源利用率，减少浪费，而且有助于服务器的负载均衡和节能。

基于以上特点，虚拟化技术成为实现云计算资源池化和按需服务的基础。

为了进一步满足云计算弹性服务和数据中心自治性的需求，需要研究虚拟机快速部署和在线迁移技术。

1. 虚拟机快速部署技术

传统的虚拟机部署分为 4 个阶段：创建虚拟机、安装操作系统与应用程序、配置主机属性（如网络、主机名等）、启动虚拟机。该方法部署时间较长，达不到云计算弹性服务的要求。尽管可以通过修改虚拟机配置（如增减 CPU 数目、磁盘空间、内存容量）改变单台虚拟机性能，但是更多情况下云计算需要快速扩张虚拟机集群的规模。

为了简化虚拟机的部署过程，虚拟机模板技术被应用于大多数云计算平台。虚拟机模板预装了操作系统与应用软件，并对虚拟设备进行了预配置，可以有效减少虚拟机的部署时间。然而虚拟机模板技术仍不能满足快速部署的需求：一方面，将模板转换成虚拟机需要复制模板文件，当模板文件较大时，复制的时间开销不可忽视；另一方面，因为应用程序没有加载到内存，所以通过虚拟机模板转换的虚拟机需要在启动或加载内存镜像后，方可提供服务。

为此，有学者提出了基于 fork 思想的虚拟机部署方式。该方式受操作系统的 fork 原语启发，可以利用父虚拟机迅速克隆出大量子虚拟机。与进程级的 fork 相似，基于虚拟机级的 fork，子虚拟机可以继承父虚拟机的内存状态信息，并在创建后即时可用。当部署大规模虚拟机时，子虚拟机可以并行创建，并维护其独立的内存空间，而不依赖于父虚拟机。为了减少文件的复制开销，虚拟机 fork 采用了写时复制（Copy On Write，COW）技术：子虚拟机在执行"写操作"时，将更新后的文件写入本机磁盘；在执行"读操作"时，通过判断该文件是否已被更新，确定本机磁盘或父虚拟机的磁盘读取文件。在虚拟机 fork 技术的相关研究工作中，Potemkin 项目实现了虚拟机 fork 技术，并可在 1s 内完成虚拟机的部署或删除，但要求父虚拟机和子虚拟机在相同的物理机上。Lagar-Cavilla 等研究了分布式环境下的并行虚拟机 fork 技术，该技术可以在 1s 内完成 32 台虚拟机的部署。虚拟机 fork 是一种即时（on-demand）部署技术，虽然提高了部署效率，但通过该技术部署的子虚拟机不能持久化保存。

2. 虚拟机在线迁移技术

虚拟机在线迁移是指虚拟机在运行状态下从一台物理机移动到另一台物理机。虚拟机在线迁移技术对云计算平台有效管理具有以下几方面的重要意义。

（1）提高系统可靠性：一方面，当物理机需要维护时，可以将运行于该物理机的虚拟机转移到其他物理机；另一方面，可利用在线迁移技术完成虚拟机运行时备份，当主虚拟机发生异常时，可将服务无缝切换至备份虚拟机。

（2）有利于负载均衡：当物理机负载过重时，可以通过虚拟机迁移达到负载均衡，优化数据中心性能。

（3）有利于设计节能方案：通过集中零散的虚拟机，可使部分物理机完全空闲，以便关闭这些物理机（或使物理机休眠），达到节能目的。

此外，虚拟机的在线迁移对用户透明，云计算平台可以在不影响服务质量的情况下优化和管理数据中心。

在线迁移技术于 2005 年由 Clark 等提出，通过迭代的预复制（pre-copy）策略同步迁移前后的虚拟机的状态。传统的虚拟机迁移是在 LAN 中进行的，为了在数据中心之间完成虚拟机在线迁移，Hirofuchi 等介绍了一种在 WAN 环境下的迁移方法。这种方法在保证虚拟机数据一致性的前提下，尽可能少地牺牲虚拟机 I/O 性能，加快迁移速度。利用虚拟机在线迁移技术，Remus 系统设计了虚拟机在线备份方法。当原始虚拟机发生错误时，系统可以立即切换到备份虚拟机，而不会影响到关键任务的执行，提高了系统可靠性。

3.2.4　开源项目 Xen

Xen 是一个开放源码的虚拟机监视器。在 2003 年的 SOSP（操作系统原理会议）上，一个来自剑桥大学的研发团队发表了一篇名为 *Xen and Art of Virtualization* 的论文，Xen 正式诞生。Xen 的初衷是打算在单个计算机上运行多达 128 个有完全功能的操作系统，操作系统一般必须进行显式地修改才能在 Xen 上运行。所以，Xen 是基于内核的虚拟程序，和操作系统平台结合得极为密切。Xen 支持 X86、X86-64、Itanium、Power PC 等。

　　Xen 有以下的特点：①虚拟机的性能更接近真实硬件环境；②可在真实物理环境平台和虚拟平台间自由切换；③每个客户虚拟机最多可支持 32 个虚拟 CPU，X86 系列支持 64GB 物理内存(Xen 3.0 Intel PAE)；④通过 CPU 提供的虚拟技术(如 VT、SVM 等)能够运行未修改的操作系统内核（例如 Windows ）；⑤优秀的硬件支持，支持几乎所有的 Linux 设备驱动。

　　Xen 可以管理多个客户操作系统，每个操作系统都能在一个安全的虚拟机中实现。在 Xen 中，一个独立的虚拟机被称为一个域（ Domain ），Xen 调度各个虚拟机以充分利用 CPU 资源。通过域的概念，各个操作系统运行在独立的虚拟机中，彼此互不干扰。

　　如图 3-11 所示，运行 Xen 的计算机一般包括三个部分：Xen 管理程序（ Xen Hypervisor ）；0 域(Domain 0)，即特权域、特权虚拟机；多个 U 域，即用户域、用户虚拟机。

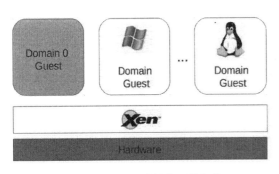

图3-11 基于Xen的操作系统架构

Xen 管理程序直接运行在硬件上，是硬件（ CPU 、内存、I/O ）与各个操作系统的接口，将硬件资源逻辑化，负责 CPU 的调度与内存分配，控制各个虚拟机的执行。在 Xen Hypervisor 中没有实现网络连接与硬盘的读写，相关功能在 0 域中实现。

　　0 域在系统启动时自动创建，由 Xen 管理程序在初始化系统时加载，理论上 0 域可以运行除 Windows 以外的任何其他开源操作系统，0 域有唯一的特权直接访问 Xen 管理程序、操纵物理设备，可以启动、中止其他用户域，同时也可以响应其他用户域的请求。另外，Xen Hypervisor 自身没有任何设备驱动和用户接口，这些都是由运行在 0 域下的操作系统和工具所提供的。

　　U 域是由 0 域加载和控制，并独立运行在系统上的虚拟机，它们可以是完全虚拟化（运行未修改操作系统）的客户虚拟机，也可以是半虚拟化（运行经修改过的操作系统）的客户虚拟机。U 域不能直接访问物理硬件，需要借助 0 域特权虚拟机进行访问。

3.3 并行编程模型

3.3.1 并行编程

　　随着 IT 技术的迅猛发展，当今世界上的数据量呈爆炸性的增长趋势（图 3-12）。这些大规模的数据往往有数据量大、种类多、变化快的特点。在 IT 业界，尤其是云计算领域，对高效、快速地大规模数据处理的需求日益迫切。并行编程，就是一种有效的大规模数据处理思想。

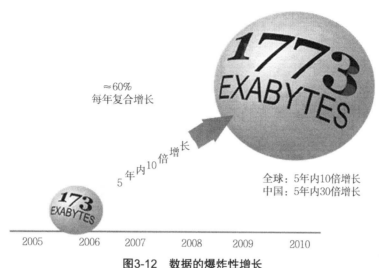

图3-12　数据的爆炸性增长

并行编程是指同时使用多种计算资源解决计算问题的过程，是提高计算机系统计算速度和处理能力的一种有效手段。它的基本思想是用多个处理器来协同求解同一问题，即将被求解的问题分解成若干部分，各部分均由一个独立的处理机来进行计算。并行编程系统既可以是专门设计的、含有多个处理器的超级计算机，也可以是以某种方式互连的若干台独立的计算机构成的集群。使用并行编程可以加快处理速度，即在更短的时间内解决相同的问题，或在相同的时间内解决更多更复杂的问题。另外，并行编程可以节省投入，并行计算可以以较低的投入完成串行计算才能够完成的任务。目前最主要的并行编程模型有共享内存模型、多线程模型、数据并行模型和消息传递模型等。

（1）共享内存模型：在共享内存编程模型中，任务间共享统一的可以异步读写的内存地址空间。一般仅需指定可以并行执行的循环，而不需考虑计算与数据如何划分，以及如何进行任务间通信，编译器会自动完成上述功能。这个模型的优点是，对于程序员来说，数据没有身份的区分，不需要特别清楚任务间的数据通信，程序开发也相应地得以简化。共享内存模型的典型代表是 OpenMP 编程模型。

（2）多线程模型：在多线程模型中，单个处理器可以有多个并行的执行路径。多线程模型的典型代表是 Unix 操作系统中基于 POSIX 接口的编程。

（3）数据并行模型：数据并行模型将相同的操作同时作用于不同的数据，数据并行编程模型提供给编程者一个全局的地址空间，一般这种形式的语言本身就提供并行执行的语义。对于编程者来说，只需要简单地指明执行什么样的并行操作和并行操作的对象，就实现了数据并行的编程。数据并行模型有以下特点：并行工作主要是操纵数据集，数据集一般都是像数组一样典型的通用的数据结构；任务集都使用相同的数据结构，但是，每个任务都有自己的数据；每个任务的工作都是相同的。

（4）消息传递模型：消息传递，即各个并行执行的部分之间通过传递消息来交换信息、协调步伐、控制执行。消息传递模型一般是面向分布式内存的，但是它也可适用于共享内存的并行机制。消息传递为编程者提供了更灵活的控制手段和表达并行的方法，一些用数据并行方法很难表达的并行算法，都可以用消息传递模型来实现，灵活性和控制手段的多样化，是消息传递并行程序能提供高的执行效率的重要原因。消息传递模型一方面为编程者提供了灵活性，另一方面，它也将各个并行执行部分之间复杂的信息交换和协调、控制的任务交给了编程者，这在一定程度上增加了编程者的负担，这也是消息传递编程模型编程级别低的主要原因。消息传递模型的典型代表是 MPI 模型。

3.3.2 云计算的并行编程模型

云计算中使用的并行编程数据处理模型主要有谷歌的 MapReduce 模型、Hadoop 团队的 MapReduce 开源模型和微软的 Dryad 模型。

MapReduce 是由谷歌公司的 Jeffrey Dean 和 Sanjay Ghemawat 开发的一个针对大规模群组中的海量数据处理的分布式编程模型。谷歌的 MapReduce 架构设计师 Jeffery Dean 说，"MapReduce 使我们只要执行简单计算，而将并行化、容错、数据分布、负载均衡等杂乱细节放在一个库里，使并行编程时不必关心它们"。

如图 3-13 所示，一个 MapReduce 作业由大量 Map 和 Reduce 任务组成，根据两类任务的特点，可以把数据处理过程划分成 Map 和 Reduce 两个阶段：在 Map 阶段，Map 任务读取输入文件块，并行分析处理，处理后的中间结果保存在 Map 任务执行节点；在 Reduce 阶段，Reduce 任务读取并合并多个 Map 任务的中间结果。

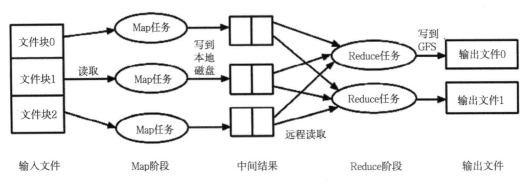

图3-13 MapReduce的执行过程

MapReduce 可以简化大规模数据处理的难度：首先，MapReduce 中的数据同步发生在 Reduce 读取 Map 中间结果的阶段，这个过程由编程框架自动控制，从而简化数据同步问题；其次，由于 MapReduce 会监测任务执行状态，重新执行异常状态任务，所以程序员不需考虑任务失败问题；再次，Map 任务和 Reduce 任务都可以并发执行，通过增加计算节点数量便可加快处理速度；最后，在处理大规模数据时，Map、Reduce 任务的数目远多于计算节点的数目，有助于计算节点的负载均衡。

虽然 MapReduce 具有诸多优点，但仍具有局限性：①MapReduce 灵活性低，很多问题难以抽象成 Map 和 Reduce 操作；②MapReduce 在实现迭代算法时效率较低；③MapReduce 在执行多数据集的交运算时效率不高。为此，Sawzall 语言和 Pig 语言封装了 MapReduce，可以自动完成数据查询操作到 MapReduce 的映射；Ekanayake 等设计了 Twister 平台，使 MapReduce 有效支持迭代操作；Yang 等设计了 Map-Reduce-Merge 框架，通过加入 Merge 阶段实现多数据集的交操作；在此基础上，Wang 等将 Map-Reduce-Merge 框架应用于构建 OLAP 数据立方体；文献将 MapRedcue 应用到并行求解大规模组合优化问题（如并行遗传算法）。

由于许多问题难以抽象成 MapReduce 模型，为了使并行编程框架灵活普适，Isard 等设计 Dryad 框架。Dryad 采用了基于有向无环图（Directed Acyclic Graph，DAG）的并行模型，如图 3-14 所示。在 Dryad 中，每一个数据处理作业都由 DAG 表示，图中的每一个节点表示需要执行的子任务，节点之间的边表示两个子任务之间的通信。Dryad 可以直观地表示出作业内的数据流。基于 DAG 优化技术，Dryad 可以更加简单高效地处理复杂流程。同 MapReduce 相似，Dryad 为程序开发者屏蔽了底层的复杂性，并可在计算节点规模扩展时提高处理性能。在此基础上，Yu 等设计了 DryadLINQ 数据查询语言，该语言和.NET 平台无缝结合，并利用 Dryad 模型对 Windows Azure 平台上的数据进行查询处理。

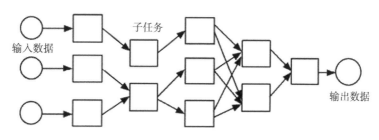

图3-14　Dryad的任务模型

3.4 数据存储技术

云计算系统由大量服务器组成，同时为大量用户服务，云计算的数据具有分布式、高吞吐率和高传输率的特点。为保证高可用、高可靠和经济性，云计算采用分布式存储的方式来存储数据，采用冗余存储的方式（集群计算、数据冗余和分布式存储）来保证存储数据的可靠性，即为同一份数据存储多个副本。冗余的方式通过任务分解和集群，用大量低配、廉价机器替代超级计算机的性能来保证低成本。目前云计算使用的数据存储系统主要有谷歌的 GFS（Google File System）及 Hadoop 团队开发的开源系统 HDFS（Hadoop Distributed File System）。目前，大部分 IT 厂商及互联网服务提供商，包括雅虎、英特尔、脸书的云计算系统采用的都是 HDFS 的数据存储技术。

3.4.1 文件系统

文件系统是操作系统的一个重要组成部分，通过对操作系统所管理存储空间的抽象，向用户提供统一的、对象化的访问接口，屏蔽对物理设备的直接操作和资源管理。根据计算环境和所提供功能的不同，可以将文件系统划分为四个层次：①单处理器单用户的本地文件系统，如 DOS 的文件系统；②多处理器单用户的本地文件系统，如 OS/2 的文件系统；③多处理器多用户的文件系统，如 Unix 的本地文件系统；④多处理器多用户的分布式文件系统，如 NFS、GFS 等。

功能上，文件系统主要提供文件服务、目录服务和文件共享语义。文件服务的模式可以分为上载/下载模式和远程访问模式；目录服务提供创建和删除目录，命名和重命名文件以及将文件从一个目录移动到另一个目录等操作；文件共享语义主要包括 Unix 语义、会话语义、不可更改语义和事务。

上载/下载模式的文件服务只提供两种主要的操作：读文件和写文件（图 3-15）。读文件将整个文件从一个文件服务器传送到提出请求的客户机，写文件将整个文件从客户机传送到服务器。上载/下载模式的优点是概念简单，不需要掌握复杂的文件接口即可使用这种模式，同时整个文件的传送是高效的。其缺点是客户端必须具有足够大的存储空间来存储所需的所有文件，即使只需要文件的一小部分，也需要移动整个文件，这是很浪费的。

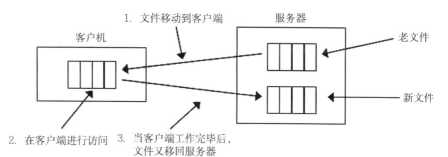

图3-15 上载/下载模式

远程访问模式的文件服务提供了大量的操作，用于打开和关闭文件，读写/移动文件指针、检查和改变文件属性等。显然，其优点是在客户端不需要很大的空间，当仅需要文件的一小部分时，不需要传送整个文件（图 3-16）。

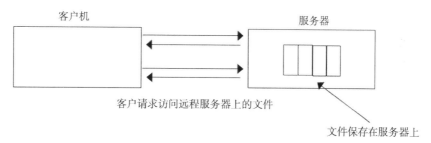

图3-16 远程访问模式

与分布式文件系统相比，传统文件系统主要有以下缺陷。

（1）可用性低：文件系统在一个物理设备，一旦出现故障，服务完全不可用。

（2）读写性能随访问量的增大而降低：访问频繁，磁盘 I/O 性能下降。

（3）不易实现在线扩容：一般情况下需要停机停服务。

3.4.2 分布式文件系统

作为分布式文件系统，要求具有以下的功能和特点。

（1）透明性：包括访问透明性、位置透明性、移动透明性、性能透明性（当服务负载在一定范围内变化时，客户程序可以保持满意的性能）、扩展透明性（文件服务可以灵活扩充，以满足负载和网络规模的增长）。

（2）并发控制：即并发文件更新，客户改变文件的操作不影响其他用户访问或改变同一文件的操作。

（3）多副本：提供更好的访问性能与容错性能。

（4）异构性：允许硬件和操作系统异构，这要求文件服务的接口必须有明确的定义，同时要在不同操作系统和计算机上实现客户和服务器软件。

（5）容错：即文件服务器在崩溃、重启时自动恢复状态。

（6）一致性：当文件在不同地点被复制和缓存时，要保持多副本的一致性。

（7）安全性：包括身份验证、访问控制、安全通道等机制。

（8）效率：应提供比传统文件系统相同或更强的性能和可靠性。

分布式文件系统的发展主要经历了四个历史阶段。

（1）第一代分布式文件系统（20世纪80年代）。

早期的分布式文件系统一般以提供标准接口的远程文件访问为目的，在受网络环境、本地磁盘、处理器速度等方面限制的情况下，更多地关注访问的性能和数据的可靠性。其中，以NFS（Network File System）和AFS（Andrew File System）最具代表性，它们对以后的文件系统设计也具有十分重要的影响。

NFS从1985年出现至今，已经经历了四个版本的更新，被移植到了几乎所有主流的操作系统中，成为分布式文件系统事实上的标准。NFS利用Unix系统中的虚拟文件系统（Virtual File System，VFS）机制，将客户机对文件系统的请求，通过规范的文件访问协议和远程过程调用，转发到服务器端进行处理；服务器端在VFS之上，通过本地文件系统完成文件的处理，实现了全局的分布式文件系统。Sun公司公开了NFS的实施规范，互联网工程任务组（the Internet Engineering Task Force，IETF）将其列入征求意见稿（Request For Comments，RFC），这很大程度上促使NFS的很多设计实现方法成为标准，也促进了NFS的流行。NFS不断发展，在第四版中还提供了基于租赁（Lease）的同步锁和基于会话（Session）语义的一致性等（图3-17）。

Carnegie Mellon大学在1983年设计开发的AFS将分布式文件系统的可扩展性放在了设计和实现的首要位置，并且着重考虑了在不安全的网络中实现安全访问的需求。因此，它在位置透明、用户迁移、与已有系统的兼容性等方面进行了特别设计。AFS具有很好的扩展性，能够很容易地支持数百个节点，甚至数千个节点的分布式环境。同时，在大规模的分布式文件系统中，AFS利用本地存储作为分布式文件的缓存，在远程文件无法访问时，依然可以部分工作，提高了系统可用性（图3-18）。后来的Coda File System、Inter-mezzo File System都受到AFS的影响，更加注重文件系统的高可用性（High Availability）和安全性，特别是Coda，在支持移动计算方面做了很多的研究工作。

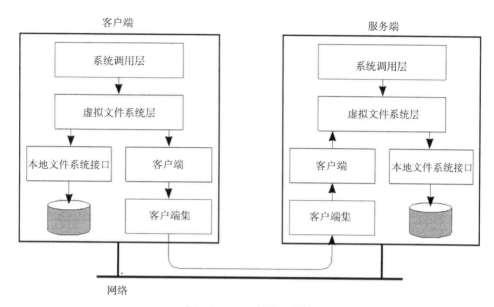

图3-17 NFS的体系结构

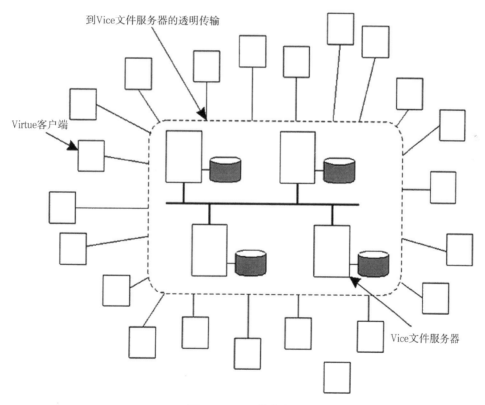

图3-18 AFS的节点

（2）第二代分布式文件系统（1990—1995 年）。

20 世纪 90 年代初，面对广域网和大容量存储应用的需求，借鉴当时先进的高性能对称多处理器（Symmetric Multiple Processor，SMP）的设计思想，加利福尼亚大学设计开发的 xFS，克服了以前的分布式文件系统一般都运行在局域网（LAN）上的弱点，很好地解决了在广域网上进行缓存，以减少网络流量的难题。

（3）第三代分布式文件系统（1995—2000 年）。

第三代分布式文件系统管理的系统规模更大、系统更复杂、对性能和容量的追求更高。系统的动态性需求增强，如在线增减设备、缓存的一致性、系统可靠性等。更多的先进技术应用到系统实现中，如分布式锁、缓存管理技术、SoftUpdates 技术、文件级的负载平衡等。典型代表有：Google File System（GFS）、General Parallel File System（GPFS）、惠普的 DiFFS、SGI 公司的 CXFS、EMC 的 HighRoad、Sun 的 qFS、XNFS 等。

（4）第四代分布式文件系统（2000 年以后）。

一方面，随着 SAN 和 NAS 两种存储体系结构逐渐成熟，研究人员开始考虑如何将两种体系结构结合起来，以充分利用两者的优势；另一方面，基于多种分布式文件系统的研究成果，人们对其体系结构的认识不断深入，网格的研究成果等也推动了分布式文件系统体系结构的发展。IBM 的 StorageTank、Cluster 的 Lustre、Panasas 的 PanFS、蓝鲸文件系统（BWFS）等是这种体系结构的代表。

在体系结构上，分布式文件系统主要包含文件服务器、目录服务器和客户机三个部分。文件服务器负责存储和管理文件，实现对文件内容的操作，通过文件的唯一标示符 UFID（Unique File Identifier）来标识文件。由于文件名和 UFID 都存储在文件目录中，目录服务器提供文件名到 UFID 的映射。不同的客户机实现了不同的编程接口，同时在客户机中可以缓存常用文件块。

3.4.3 GFS 简介

Ghemawat 等为谷歌设计了 GFS（Google Files System）。根据谷歌应用的特点，GFS 对其应用环境做了 6 点假设：①系统架设在容易失效的硬件平台上；②需要存储大量 GB 级甚至 TB 级的大文件；③文件读操作以大规模的流式读和小规模的随机读构成；④文件具有一次写多次读的特点；⑤系统需要有效处理并发的追加写操作；⑥高持续 I/O 带宽比低传输延迟重要。

图 3-19 所示为 GFS 的执行流程。在 GFS 中，一个大文件被划分成若干固定大小（如 64MB）的数据块，并分布在计算节点的本地硬盘，为了保证数据可靠性，每一个数据块都保存有多个副本，所有文件和数据块副本的元数据由元数据管理节点管理。

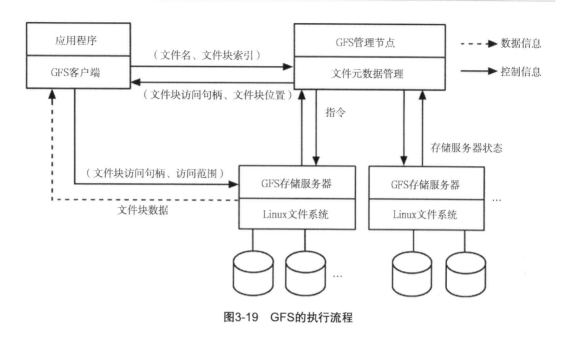

图3-19   GFS的执行流程

GFS 的优势在于：①由于文件的分块粒度大，GFS 可以存取 PB 级的超大文件；②通过文件的分布式存储，GFS 可并行读取文件，提供高 I/O 吞吐率；③鉴于上述"假设④"，GFS 可以简化数据块副本间的数据同步问题；④文件块副本策略保证了文件可靠性。

3.5 数据管理技术

云计算系统对大数据集进行处理、分析，向用户提供高效的服务。因此，数据管理技术必须能够高效地、安全地管理大数据集。另外，如何在规模巨大的数据中找到特定的数据，也是云计算数据管理技术所必须解决的问题。云计算系统的数据管理往往采用列存储的数据管理模式，以保证海量数据的存储和分析性能。云计算的数据管理技术最著名的是谷歌的 BigTable 数据管理技术，同时 Hadoop 开发团队也开发类似 BigTable 的开源数据管理模块 HBase。

3.5.1 关系数据库

1970 年，IBM 研究员 Edgar Frank Codd 发表了业界第一篇关于关系数据库理论的论文"A Relational Model of Data for Large Shared Data Banks"，首次提出了关系模型的概念。后来 Codd 又陆续发表多篇文章，奠定了关系数据库的基础。关系模型有严格的数学基础，抽象级别比较高，而且简单清晰，便于理解和使用。但是当时也有人认为关系模型是理想化的数据模型，用来实现 DBMS（Database Management System，数据库管理系统）是不现实的，尤其担心关系数据库的性能难以接受，更有人视其为当时正在进行中的网状数据库规范化工作的严重威胁。

为了促进对问题的理解，1974 年，ACM 牵头组织了一次研讨会，会上开展了一场分别以 Codd 和 Bachman 为首的支持和反对关系数据库两派之间的辩论。这次著名的辩论推动了关系数据库的发展，使其最终成为现代数据库产品的主流。

关系数据库是建立在关系模型基础上的数据库，借助于集合代数等数学概念和方法来处理数据库中的数据。现实世界中的各种实体以及实体之间的各种联系均用关系模型来表示。关系模型由关系数据结构、关系操作集合、关系完整性约束三部分组成。

1974 年，IBM 的 Don Chamberlin 和 Ray Boyce 将 Codd 关系数据库的 12 条准则的数学定义以简单的关键字语法表现出来，里程碑式地提出了 SQL（Structured Query Language）语言。

SQL 是一种基于关系数据库的语言，这种语言执行对关系数据库中数据的检索和操作。SQL 语言的功能包括查询、操纵、定义和控制，是一个综合的、通用的关系数据库语言，同时又是一种高度非过程化的语言，只要求用户指出做什么而不需要指出怎么做。SQL 集成实现了数据库生命周期中的全部操作。自诞生之日起，SQL 语言便成了检验关系数据库的试金石，而 SQL 语言标准的每一次变更都指引着关系数据库产品的发展方向。

显然，关系数据库有着以下优点。①操作方便：通过应用程序和后台连接，方便了用户对数据的操作，特别是没有编程基础的人；②易于维护：丰富的完整性，包括实体完整性、参照完整性和用户定义完整性，大大降低了数据冗余和数据不一致的概率；③便于访问数据：提供了诸如视图、存储过程、触发器、索引等对象；④安全：权限分配和管理，使其较以往的数据库在安全性上要高得多。

当前我们处于信息爆炸的时代，互联网上充斥着各种不同的信息，如图片、地图等，这些应用的共性在于数据量巨大，要存储海量数据，传统的关系型数据库已经难以满足。随着 Web 页面、电子邮件、音频、视频等非结构化数据的爆炸式增长，传统关系数据库的二维数据模型在处理这些非结构化数据时显然在速度和性能方面会有些损失。传统关系数据库的瓶颈主要体现在以下几个方面。

（1）不支持非结构化数据：关系数据库所采用的二维表格数据模型不能有效地处理多维数据，不能有效处理互联网应用中半结构化和非结构化的海量数据，如 Web 页面、电子邮件、音频、视频等。

（2）高并发读写的性能低：关系数据库达到一定规模时，非常容易发生死锁等并发问题，导致其读写性能严重下降。然而，当今的 Web2.0 网站数据库并发负载非常高，往往要达到每秒上万次读写请求，而关系型数据库勉强可以应付每秒上万次 SQL 查询，但硬盘 I/O 往往无法承担每秒上万次的 SQL 写数据请求。

（3）可扩展性和可用性低：当一个应用系统的用户量和访问量与日俱增的时候，传统的关系型数据库却没有办法像 Web Server 那样简单地通过添加更多的硬件和服务节点来扩展性能和负载能力，而对于很多需要提供不间断服务的系统来说，对数据库系统进行升级和扩展往往需要停机维护和数据迁移。

（4）建设和运维成本高：企业级关系数据库的价格很高，并且随着系统的规模增大而不断上升。

3.5.2　云计算对数据库技术的要求

云计算系统需要对海量的大数据集进行处理、分析，并向用户提供高效的服务，所以云计算要求数据库技术满足以下几方面的要求：①海量数据处理：需要能够处理 PB 级的数据；②大规模集群管理：分布式应用可以更加简单地部署、应用和管理；③低延迟读写速度：快速的响应速度能够极大地提高用户的满意度；④较低的建设及运营成本：云计算应用的基本要求是希望在硬件成本、软件成本及人力成本方面都有大幅度的降低。

3.5.3 NoSQL 数据库

Name	Age	Gender	Birthday
a	20	M	1990-10-1
b	40	F	1970-8-24
c	30	M	1980-1-18
...	...	...	...

关系型数据库

Name:a	Age:20	Gender:M	Birthday:1990-10-1	Hobby:travel
Name:b	Age:40	Birthday:1970-8-24	Tel:12345678	
Name:c	Age:30	Gender:M		
...	...	...	...	...

NoSQL

图3-20　关系型数据库与NoSQL数据库的对比举例

NoSQL 是一种与关系型数据库管理系统截然不同的数据库管理系统，它的数据存储格式可以是松散的，通常不支持 Join 操作并且易于横向扩展，也可以称为非关系型数据库。与传统的关系型数据库相比，NoSQL 的主要优势有扩展简单、读写快速、成本低廉，缺点是不提供对 SQL 支持（图 3-20）。但是对于大数据量的 Web 系统，特别是 SNS 类型的网站，从需求及产品设计角度，都极力避免复杂的数据分析类型的复杂 SQL

报表查询，而往往更多的只是单表的主键查询及单表的简单条件分页查询等，所以，在Web2.0时代，SQL的功能和作用已经被极大地弱化了。

按照提供的功能，可以将 NoSQL 分成 Column-oriented、Key/Value 和 Document-oriented 三类。

（1）Column-oriented：列式存储，通常不支持 join 操作，与传统关系型数据库的行式存储相比，它的存储是列式的，这样会让很多统计聚合操作更简单方便。Column-oriented 的典型代表主要有著名的 BigTable 和 HBase。

（2）Key/Value：有点类似常见的 HashTable，一个 Key 对应一个 Value，但是它能提供非常快的查询速度、大的数据存放量和高并发操作，非常适合通过主键对数据进行查询和修改等操作。Key/Value 的典型代表主要有 Redis 和 Berkeley DB。

（3）Document-oriented：Document 和 Key/value 是非常相似的，也是一个 Key 对应一个 Value，但是这个 Value 主要以 JSON（Java Script Object Notations）或者 XML 等格式的文档来进行存储。这种存储方式可以很容易地被面向对象的语言所使用。Document-oriented 的典型代表主要有 MongoDB。

3.5.4 BigTable 简介

BigTable 是基于 GFS 开发的分布式存储系统，它将提高系统的适用性、可扩展性、可用性和存储性能作为设计目标。BigTable 的功能与分布式数据库类似，用以存储结构化或半结构化数据，为谷歌应用（如搜索引擎、Google Earth 等）提供数据存储与查询服务。在数据管理方面，BigTable 将一整张数据表拆分成许多存储于 GFS 的子表，并由分布式锁服务 Chubby 负责数据一致性管理。在数据模型方面，BigTable 以行名、列名、时间戳建立索引，表中的数据项由无结构的字节数组表示。这种灵活的数据模型保证 BigTable 适用于多种不同应用环境。图 3-21 所示是在 BigTable 中存储网页的方式，其中 $t_1 \sim t_5$ 为时间戳。

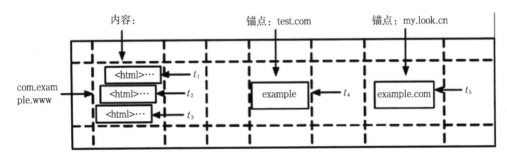

图3-21 BigTable的存储方式

由于 BigTable 需要管理节点集中管理元数据，所以存在性能瓶颈和单点失效问题。为此，DeCandia 等设计了基于 P2P 结构的 Dynamo 存储系统，并应用于亚马逊的数据存储平台。借助于 P2P 技术的特点，Dynamo 允许使用者根据工作负载动态调整集群规模。另外，在可用性方面，Dynamo 采用零跳分布式散列表结构降低操作响应时间；在可靠性方面，Dynamo 利用文件副本机制应对节点失效。由于保证副本强一致性会影响系统性能，为了承受每天数千万的并发读写请求，Dynamo 中设计了最终一致性模型，弱化副本一致性，保证提高性能。

3.6 资源管理与调度技术

云计算系统通常具有大量服务器，并且资源是动态变化的，需要实时、准确、动态地对资源进行管理和调度，更好地完成资源的分配和运用。研究有效的资源管理与调度技术可以提高云计算，尤其是 PaaS 服务的性能。

3.6.1 副本管理技术

副本机制是云计算系统保证数据可靠性的基础，有效的副本策略不但可以降低数据丢失的风险，而且能优化作业完成时间。

目前，开源项目 Hadoop 采用了机架敏感的副本放置策略。该策略默认文件系统部署于传统网络拓扑的数据中心。以放置 3 个文件副本为例，由于同一机架的计算节点间网络带宽高，所以机架敏感的副本放置策略将 2 个文件副本置于同一机架，另一个置于不同机架。这样的策略既考虑了计算节点和机架失效的情况，也减少了因为数据一致性维护带来的网络传输开销。

除此之外，文件副本放置还与应用有关，Eltabakh 等提出了一种灵活的数据放置策略 CoHadoop，用户可以根据应用需求自定义文件块的存放位置，使需要协同处理的数据分布在相同的节点上，从而在一定程度上减少了节点之间的数据传输开销。但是，目前 PaaS 层的副本调度大多局限于单数据中心，从容灾备份和负载均衡角度，需要考虑面向多数据中心的副本管理策略。郑湃等提出了三阶段数据布局策略，分别针对跨数据中心数据传输、数据依赖关系和全局负载均衡 3 个目标对数据布局方案进行求解和优化。虽然该研究对多数据中心间的数据管理起到优化作用，但是未深入讨论副本管理策略。因此，需在多数据中心环境下研究副本放置、副本选择及一致性维护和更新机制。

3.6.2 任务调度算法

云计算，尤其是 PaaS 层的海量数据处理以数据密集型作业为主，其执行性能受到 I/O 带宽的影响。但是，网络带宽是计算集群（计算集群既包括数据中心中物理计算节点集群，也包括虚拟机构建的集群）中的急缺的资源：①云计算数据中心考虑成本因素，很少采用高带宽的网络设备；②IaaS 层部署的虚拟机集群共享有限的网络带宽；③海量数据的读写操作占用了大量带宽资源。因此 PaaS 层海量数据处理平台的任务调度需要考虑网络带宽因素。

为了减少任务执行过程中的网络传输开销，可以将任务调度到输入数据所在的计算节点，因此，需要研究面向数据本地性（Data-locality）的任务调度算法。Hadoop 以"尽力而为"的策略保证数据本地性。虽然该算法易于实现，但是没有做到全局优化，在实际环境中不能保证较高的数据本地性。为了达到全局优化，Fischer 等为 MapReduce 任务调度建立数学模型，并提出了 HTA（Hadoop Task Assignment）问题。该问题为一个变形的二部图匹配，如图 3-22 所示，目标是将任务分配到计算节点，并使各计算节点负载均衡，其中 s_i、t_j 分别表示计算节点和任务，实边表示 s_i 有 t_j 的输入数据，虚边表示 s_i 没有 t_j 的输入数据，w_l 和 w_r 分别表示调度开销。该研究利用 3-SAT 问题证明了 HTA 问题是 NP 完全的，并设计了 MaxCover-BalAssign 算法解决该问题。虽然 MaxCover-BalAssign 算法的理论上限接近最优解，但是时间复杂度过高，难以应用在大规模环境中。为此，Jin 等设计了 BAR 调度算法，基于"先均匀分配再均衡负载"的思想，BAR 算法在快速求解大规模 HTA 问题时，得到优于 MaxCover-BalAssign 算法的调度结果。

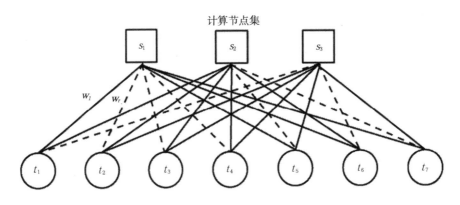

图3-22　HTA问题模型

除了保证数据本地性，云计算作业调度器还需要考虑作业之间的公平调度。云计算系统的工作负载中既包括子任务少、执行时间短、对响应时间敏感的即时作业（如数据查询作业），也包括子任务多、执行时间长的长期作业（如数据分析作业）。研究公平调度算法可以及时为即时作业分配资源，使其快速响应。因为数据本地性和作业公平性不能同时满足，所以 Zaharia 等在 Max-Min 公平调度算法的基础上设计了延迟调度（Delay Scheduling）算法。该算法通过推迟调度一部分作业，并使这些作业等待合适的计算节点，以达到较高的数据本地性。但是在等待开销较大的情况下，延迟策略会影响作业完成时间。为了折衷数据本地性和作业公平性，Isard 等设计了基于最小代价流的调度模型，并应用于 Microsoft 的 Azure 平台。如图 3-23 所示，W_j^i 表示作业 i 的子任务 j，c，R，X，U 的边分别表示任务被调度到计算节点、机架、数据中心和不被调度，每条边带有权值，并需要根据集群状态实时更新权值。当系统状态发生改变时（如有计算节点空闲、有新任务加入），调度器对调度图求解最小代价流，并做出调度决策。虽然该方法可以得到全局优化的调度结果，但是求解最小代价流会带来计算开销，当图的规模很大时，计算开销将严重影响系统性能。Quincy 的调度模型如图 3-23 所示。

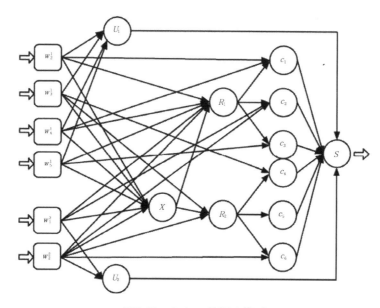

图3-23　Quincy的调度模型

3.6.3 任务容错机制

为了使云计算服务平台可以在任务发生异常时自动从异常状态恢复，需要研究任务容错机制。MapReduce 的容错机制在检测到异常任务时，会启动该任务的备份任务。备份任务和原任务同时进行，当其中一个任务顺利完成时，调度器立即结束另一个任务。Hadoop 的任务调度器实现了备份任务调度策略。但是现有的 Hadoop 调度器检测异常任务的算法存在较大缺陷：如果一个任务的进度落后于同类型任务进度的20%，Hadoop 则把该任务当作异常任务，然而，当集群异构时，任务之间的执行进度差异较大，因而在异构集群中很容易产生大量的备份任务。为此，Zaharia 等研究了异构环境下异常任务的发现机制，并设计了 LATE（Longest Approximate Time to End）调度器。通过估算 Map 任务的完成时间，LATE 为估计完成时间最晚的任务产生备份。虽然 LATE 可以有效避免产生过多的备份任务，但是该方法假设 Map 任务处理速度是稳定的，所以在 Map 任务执行速度变化的情况下（如先快后慢），LATE 便不能达到理想的性能。

3.7 QoS保证机制

云计算不仅要为用户提供满足应用功能需求的资源和服务，同时还需要提供优质的 QoS（Quality of Service，服务质量）（如可用性、可靠性、可扩展等），以保证应用顺利高效地执行。这是云计算得以被广泛采纳的基础。图 3-24 给出了云计算中 QoS 保证机制。首先，用户从自身应用的业务逻辑层面提出相应的 QoS 需求；为了能够在使用相应服务的过程中始终满足用户的需求，云计算服务提供商需要对 QoS 水平进行匹配并且与用户协商制定服务水平协议；最后，根据 SLA（Service Level Agreement，服务等级协议）内容进行资源分配以达到 QoS 保证的目的。针对以上 3 个步骤，这里分别介绍 IaaS、PaaS 和 SaaS 服务中的 QoS 保证机制。

1. 需求形式化   2. 服务质量协商   3. 资源分配

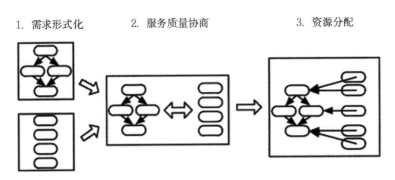

图3-24　云计算的QoS保证机制

3.7.1 IaaS 服务层的 QoS 保证机制

IaaS 服务层可看作是一个资源池，其中包括可定制的计算、网络、存储等资源，并根据用户需求按需提供相应的服务能力。文献指出，IaaS 层所关心 QoS 参数主要可分为两类：一类是云计算服务提供者所提供的系统最小服务质量，如服务器可用性及网络性能等；另一类是服务提供者承诺的服务响应时间。

为了能够在服务运行过程中有效保证其性能，IaaS 层用户需要针对 QoS 参数同云计算服务提供商签订相应的 SLA。根据应用类型不同可分为两类：确定性 SLA（Deterministic SLA）以及可能性 SLA（Probabilistic SLA）。其中确定性 SLA 主要针对关键性核心服务，这类服务通常需要十分严格的性能保证（如银行核心业务等），因此需要 100%确保其相应的 QoS 需求。对于可能性 SLA，其通常采用可用性百分比表示（如保证硬件每月 99.95%的时间正常运行），这类服务通常并不需要十分严格的 QoS 保证，主要适用于中小型商业模式及企业级应用。在签订完 SLA 后，若服务提供商未按照 SLA 进行 QoS 保障时，则对服务提供商启动惩罚机制（如赔款），以补偿对用户造成的损失。

在实际系统方面，近年来出现了若干通过 SLA 技术实现 IaaS 层 QoS 保证机制的商用云计算系统或平台，主要包括 Amazon EC2、GoGrid、Rackspace 等，其 QoS 参数如表 3-1 所示。

表 3-1　IaaS 层的 QoS 参数定义

QoS参数（IaaS）	描　　述	云计算服务
服务器可用性	云计算提供的服务器（如虚拟机）、存储系统正常运行的保障	GoGrid 、Rackspace 、Amazon EC2
网络性能保障	数据包丢失率、网络延时、网络抖动的保障	GoGrid
负载均衡器可用性	处理时延、吞吐率、访问并发率的保障	GoGrid、Rackspace
异常通知保障	在发生基础设备异常（如虚拟机需迁移）时的通知时间	Rackspace
支持响应时间	当服务发生异常时，云服务提供商提供排错支持服务的响应时间	GoGrid
惩罚机制保障	不能按照SLA合约进行QoS保障时的惩罚机制	GoGrid 、Rackspace 、Amazon EC2

3.7.2 PaaS 和 SaaS 服务层的 QoS 保证机制

在云计算环境中，PaaS 层主要负责提供云计算应用程序（服务）的运行环境及资源管理。SaaS 提供以服务为形式的应用程序。与 IaaS 层的 QoS 保证机制相似，PaaS 层和 SaaS 层的 QoS 保证也需要经历 3 个阶段，典型的 QoS 参数见表 3-2。PaaS 层和 SaaS 层 QoS 保证的难点在第 3 阶段（资源分配阶段）。在云计算环境中，应用服务提供商同底层硬件服务提供商之间可以是松耦合的，所以，PaaS 层和 SaaS 层在第 3 阶段需要综合考虑 IaaS 层的费用、IaaS 层承诺的 QoS、PaaS/SaaS 层服务对用户承诺的 QoS 等。

表 3-2　PaaS/SaaS 层的 QoS 参数定义

QoS参数（PaaS/SaaS）	描　述	云计算服务
服务请求差错率	单位时间内服务请求发生异常的概率	Google App Engine
网络连接可用性	网络连接畅通且不被中断的可用性保障	Microsoft Azure
服务稳定性	某个用户正常使用服务且服务不失效的稳定性保障	Microsoft Azure、Google Apps、Salesforce CRM
惩罚机制保障	不能按照SLA合约进行QoS保障时的惩罚机制	Microsoft Azure、Google Apps、Salesforce CRM、Google App Engine

这里简单介绍 PaaS 层和 SaaS 层的资源分配策略。为了便于讨论，本节中 PaaS 层和 SaaS 层统称为应用服务层。弹性服务是云计算的特性之一，为了保证服务的可用性，应用服务层需要根据业务负载动态申请或释放 IaaS 层的资源。Calheiros 等基于排队论设计了负载预测模型，通过比较硬件设施工作负载、用户请求负载及 QoS 目标，调整虚拟机的数量。由于同类 IaaS 层服务可能由多个服务提供商提供，应用服务提供商需要根据 QoS 协定选择合适的 IaaS 层服务。为此，Xiao 等设计了基于信誉的 QoS 部署机制，该机制综合考虑 IaaS 层服务层提供商的信誉、应用服务同用户的 SLA 以及 QoS 的部署开销，选择合适的 IaaS 层服务。除此之外，由于 Amazon EC2 的 SpotInstance 服务可以以竞价方式提供廉价的虚拟机，Andrzejak 等为应用服务层设计了竞价模型，使其在满足用户 QoS 需求的前提下降低硬件设施开销。

3.8　安全与隐私保护

虽然通过 QoS 保证机制可以提高云计算的可靠性和可用性，但是目前实现高安全性的云计算环境仍面临诸多挑战。一方面，云平台上的应用程序（或服务）同底层硬件环境间是松耦合的，没有固定不变的安全边界，大大增加了数据安全与隐私保护的难度；另一方面，云计算环境中的数据量十分巨大（通常都是 TB 甚至 PB 级），传统安全机制在可扩展性及性能方面难以有效满足需求。随着云计算的安全问题日益突出，近年来研究者针对云计算的模型和应用，讨论了云计算安全隐患，研究了云计算环境下的数据安全与隐私保护技术。这里结合云计算核心服务的层次模型，介绍云计算环境下的数据安全与隐私保护技术的研究现状。

3.8.1 IaaS 服务层的安全

虚拟化是云计算 IaaS 层普遍采用的技术。该技术不仅可以实现资源可定制，而且能有效隔离用户的资源。Santhanam 等讨论了分布式环境下基于虚拟机技术实现的"沙盒"模型，以隔离用户执行环境。然而虚拟化平台并不是完美的，仍然存在安全漏洞。基于 Amazon EC2 上的实验，Ristenpart 等发现 Xen 虚拟化平台存在被旁路攻击的危险。他们在云计算中心放置若干台虚拟机，当检测到有一台虚拟机和目标虚拟机放置在同一台主机上时，便可通过操纵自己放置的虚拟机对目标虚拟机进行旁路攻击，得到目标虚拟机的更多信息。为了避免基于 Cache 缓存的旁路攻击，Raj 等提出了 Cache 层次敏感的内核分配方法和基于页染色的 Cache 划分两种资源管理方法，以实现性能与安全隔离。

3.8.2 PaaS 服务层的安全

PaaS 层的海量数据存储和处理需要防止隐私泄露问题。Roy 等提出了一种基于 MapReduce 平台的隐私保护系统 Airavat，集成强访问控制和区分隐私，为处理关键数据提供安全和隐私保护。在加密数据的文本搜索方面，传统的方法需要对关键词进行完全匹配，但是云计算数据量非常大，在用户频繁访问的情况下，精确匹配返回的结果会非常少，使得系统的可用性大幅降低，Li 等提出了基于模糊关键词的搜索方法，在精确匹配失败后，还将采取与关键词近似语义的关键词集的匹配，达到在隐私保护的前提下为用户检索更多匹配文件的效果。

3.8.3 SaaS 服务层的安全

SaaS 层提供了基于互联网的应用程序服务，并会保存敏感数据（如企业商业信息）。因为云服务器由许多用户共享，且云服务器和用户不在同一个信任域里，所以需要对敏感数据建立访问控制机制。由于传统的加密控制方式需要花费很大的计算开销，而且密钥发布和细粒度的访问控制都不适合大规模的数据管理，Yu 等讨论了基于文件属性的访问控制策略，在不泄露数据内容的前提下将与访问控制相关的复杂计算工作交给不可信的云服务器完成，从而达到访问控制的目的。

从以上研究可以看出，云计算面临的核心安全问题是用户不再对数据和环境拥有完全的控制权。为了解决该问题，云计算的部署模式可以分为公有云、私有云、混合云和行业云（见 2.4 节），这也是这种部署模式划分的重要原因之一。

此外，工业界对云计算的安全问题非常重视，并为云计算服务和平台开发了若干安全机制。其中 Sun 公司发布开源的云计算安全工具可为 Amazon EC2 提供安全保护。微软公司发布基于云计算平台 Azure 的安全方案，以解决虚拟化及底层硬件环境中的安全性问题。另外，雅虎为 Hadoop 集成了 Kerberos 验证，Kerberos 验证有助于数据隔离，使对敏感数据的访问与操作更为安全。

3.9 本章小结

本章对云计算的关键技术——数据中心技术、虚拟化技术、并行编程技术、数据的存储技术、数据管理技术、资源管理技术、QoS 保证机制和安全与隐私保护进行了详细的阐述，并针对一些技术分别介绍了业界比较经典的具体解决方案和研究进展。

3.10 习题

1. 数据中心是什么？对企业有哪些重要意义？需要哪些关键技术？
2. 动手学习安装、配置和使用Xen。
3. 通过调研，试着再举出几种云计算的相关支撑技术。
4. 通过调研，了解当前的存储技术，如RAID、SAN、iSCSI等。

第4章 谷歌的云计算技术

4.1 概述

谷歌是云计算技术的先行者和最大的使用者之一。谷歌拥有的功能强大的搜索引擎，就是建立在分布在200多个站点、超过100万台的服务器的支撑之上，而且这些基础设施的数量正在迅猛地增长。除了搜索业务以外，谷歌的一系列业务应用，包括Google Maps、Google Earth、Gmail、Docs、YouTube、Google Wave等，也同样是建立在这些基础设施之上的。另外，谷歌提供的PaaS服务Google App Engine允许第三方在其平台上开发和运行应用程序，Google App Engine也是以上述基础设施为基础的。

谷歌的这些应用和平台的共性在于数据量巨大，而且要面向全球的大量用户提供实时的服务，因此谷歌必须解决海量数据的高效存储和处理问题。为此，谷歌研究了一系列简单、高效的技术，让数百万台的廉价计算机协同工作，完成这些海量的、大规模的任务，这一系列技术后来被统一命名为谷歌云计算技术。

具体地，谷歌云计算技术的关键技术包括：分布式文件系统GFS、分布式编程模型MapReduce、分布式锁服务Chubby、分布式数据库BigTable、分布式存储系统Megastore和分布式监控系统 Dapper 等。其中，GFS 提供了海量数据的高效存储和访问的能力，MapReduce 提供了一种简单、高效的海量数据的并行处理方法，Chubby 解决了分布式环境下并发操作的同步问题，BigTable为海量数据的组织和管理提供了方便，构建在 BigTable 之上的 Megastore 实现了关系型数据库和 NoSQL 之间的融合，Dapper 能够全方位地监控整个谷歌云平台的运行状况。

本章将介绍谷歌云计算平台的设计思想和整体架构、关键技术，以及谷歌云计算的产品，并着重介绍谷歌的 PaaS 服务 Google App Engine。

4.2 谷歌云计算的体系架构

"需求决定架构"是 IT 业界的一个普遍共识，也就是说，架构的发展是为了更好地支撑业务应用。对于谷歌，它的主要业务应用可以分为以下六大类。

（1）搜索引擎：网页搜索、图片搜索和视频搜索等。

（2）广告系统：AdWords 和 AdSense。

（3）生产力工具：Gmail 和 Google Apps 等。

（4）地理产品：地图、Google Earth 和 Google Sky 等。

（5）视频播放：YouTube。

（6）PaaS 平台：Google App Engine。

针对上述应用需求，经过长时间的自主研发和运维，谷歌的工程师在分布式系统的设计上已经积累了很多经验和教训，并衍生出一套完整的设计思想和整体的技术架构。

4.2.1 设计思想

根据目前谷歌公开的一些论文和报告，如谷歌在 2004 年的 OSDI 大会上发表的"MapReduce: simplified data processing on large clusters"论文和 2009 年年底谷歌院士 Jeff Dean 在 LADIS 大会上关于系统设计方面的报告等，可以将谷歌云计算的设计思想主要总结为以下九个方面。

1. 视失败为常态

一个分布式系统，即使是构建在昂贵的小型机或者大型机之上，也会不时地出现软件或者硬件方面的错误，更何况谷歌的分布式系统还是构建在廉价、低端的 X86 服务器之上。即使其设备标称的 MTBF（平均故障间隔时间）很高，但是由于一个集群内的设备极多，其错误发生的概率非常高。例如，李开复曾经提过这样一个例子：在一个拥有 2 万台 X86 服务器的集群中，每天大约有 110 台机器会出现宕机等恶劣情况。另外，基于谷歌院士 Jeff Dean 在 LADIS2009 大会上发布的数据，一个集群每年有 1%～5% 的硬盘会报废，20 个机架和 3 个路由器会宕机一次，服务器每年会平均宕机两次，报废概率为 2%～4%。所以在设计的时候，必须视失败为常态，把更多的注意力放在容错方面。

2. 重视伸缩性

谷歌的大多数服务所面对的客户数目都是百万量级以上的，因此伸缩性已经深深植入谷歌的思想中，而且谷歌为了帮助其开发人员更好地开发分布式应用和服务，不仅研发了用于大规模数据处理的 MapReduce 框架，而且还推出了用于部署分布式应用的 PaaS 平台 Google App Engine。另外，在设计方面，Jeff Dean 也曾提过两个关于伸缩性的注意点：一是可以为一定的伸缩作设计，但不为无限的伸缩作设计，例如，要为 5～50 倍的增量作设计，但如果要应对超过 1000 倍的增量的话，那就需要进行重写和重新设计；二是系统可根据具体情况进行调整，如当需求上来的时候，可以让管理员关闭部分特性来应对挑战，如搜索中会用到的拼写检查等。

3. 预测性能

在设计应用、系统或者服务的时候,如果有能力在开发之前根据设计来预测性能,那么不仅能优化设计，更重要的是能够降低新设计所带来的风险，这个思想在谷歌内部是很常见的。Jeff Dean 也发布了一组常用的性能指标（如 L1 cache、L2 cache 和内存的访问速度分别是 5ns、7ns 和 100ns 等）来帮助大家预测新设计的性能，见表 4-1。

表 4-1　常用的性能指标

类　别	消耗时间/ns
L1 cache引用	0.5
分支预测失败	5
L2 cache引用	7
Mutex加锁/解锁	25
内存引用	100
使用Zippy压缩1KB的数据	3 000
在1Gbit/s的网络上发送2KB的数据	20 000
在内存中连接续取1MB数据	250 000
在数据中心内部绕一圈	500 000
磁盘查询	10 000 000
从硬盘上连续读取1MB数据	20 000 000
将网络包从加州发到荷兰，再从荷兰发回加州	150 000 000

4. 追求低延迟

延迟是影响用户体验的一个非常重要的因素。谷歌的副总裁 Marissa Mayer 曾经说过:"如果每次搜索的时间多延迟半秒,那么使用搜索服务的人将减少 20%"。很显然,低延迟对用户体验非常关键，而且为了避免光速和复杂网络环境造成的延时，谷歌已在很多地区设置了本地的数据中心。另外，谷歌经常使用备份请求来降低延迟，如一个处理需要涉及多台机器，通过备份请求机制来避免整个处理被一台慢机器延误。

5. 廉价的硬件和软件

谷歌每天处理的数据和请求在规模上是空前巨大的， 所以现有的服务器和商业软件厂商很难为谷歌"量身定做"一套分布式服务系统，即使能够设计和生产出来，其价格也将是谷歌无法承受的，所以其上百万台服务器基本上采用通用、廉价的 X8 架构和开源的 Linux 系统，并开发了一整套分布式软件栈，其中就包括 GFS、MapReduce、BigTable 等。

6. 推崇重用

开源界的经典名言"不要重新发明轮子"（Don't reinvent the wheel）也是被谷歌所推崇的。例如，GFS、MapReduce、BigTable 等技术已经在谷歌多个产品中同时使用，相关的开发人员并没有因为某些可能存在的不适合而重新开发新的技术，像这样的例子还有很多。

7. 灵活设计

在这方面，主要有三点：一是在设计方面，不要想一劳永逸地做得很全面，而是要抓住重点；二是坚持一个接口、多个实现的设计理念；三是在设计上加入足够的观察和调试钩子来帮助日后的调试。

8. 优先移动计算

虽然随着摩尔定律的不断发展，很多资源都处于不断增长中，如带宽等，但是到现在为止，移动数据成本还远大于移动计算的成本，所以在处理大规模数据的时候，谷歌还是倾向于移动计算而不是移动数据。

9. 服务模式

在谷歌的系统中，服务模式是相当常用的，如其核心的搜索引擎需要依赖 700～1000 个内部服务，而且服务之间的依赖总是尽可能地少。这种松耦合的开发模式在测试、开发、部署和扩展等方面都有优势，因为它适合小团队开发，并且便于测试。

4.2.2 整体架构

1. 三类工作负载

对于谷歌而言，工作负载并不仅仅只有搜索引擎这一种，而主要可以分为以下三类。

（1）本地交互服务。指的是在用户本地为其提供的基本谷歌服务，如网页搜索等，但会将内容的生成和管理工作移交给某个内容交付系统，例如生成搜索所需的索引等。通过本地交互，能减少延迟，从而提高用户体验，而且因为是直接面对客户的，它对 SLA（Service Level Agreement，服务等级协议）要求很高。

（2）内容交付服务。这类服务主要为上面提到的大多数本地交互服务提供内容的存储、生成和管理工作，如创建搜索所需的索引、存储 YouTube 的视频和 Gmail 的数据等，并且内容交互系统主要基于谷歌自己开发的分布式软件栈。另外，这套系统非常重视吞吐量和成本，而不是 SLA。

（3）关键业务。它主要包括谷歌的一些企业级事务，如用于企业日常运行的客户管理和人力资源等系统，以及赚取利润的广告系统（AdWords 和 AdSense）。关键业务对 SLA 的要求也非常高。

2. 两类数据中心

根据谷歌在 2008 年公开的数据,谷歌在全球有 37 个数据中心,其中 19 个在美国,12 个在欧洲,3 个在亚洲,另外 3 个分布于俄罗斯和南美。图 4-1 所示是这 37 个数据中心在全球的分布情况。

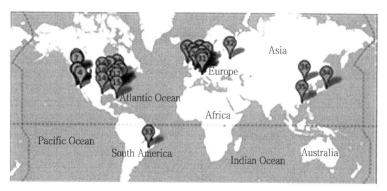

图4-1 2008年谷歌全球数据中心分布情况

谷歌数据中心的数量很多,它们之间也存在一定的差异,但主要可以分为两类:一是巨型数据中心,二是大中型数据中心。

(1)巨型数据中心。

图4-2 谷歌在美国俄勒冈州哥伦比亚河畔的巨型数据中心

巨型数据中心的服务器规模应该在 10 万台以上,常坐落于发电厂旁,以获得更廉价的能源,主要用于谷歌内部服务,也就是内容交付服务,而且在设计方面主要关注成本和吞吐量，所以引入了大量的定制硬件和软件来降低 PUE（Power Usage Effectiveness，电能利用效率）并提升处理量。但它对 SLA 方面的要求并不是特别严格，只要保证绝大部分时间可用即可。图 4-2 是谷歌巨型数据中心的一个代表，这个数据中心位于美国俄勒冈州北部哥伦比亚河畔的 Dalles 市，总占地面积接近 30 英亩，并占用了附近一个 1.8GW 水力发电站的大部分电力输出，这个数据中心全部投入使用后，将消耗 10^3 兆瓦的电力，这相当于一个中小型城市的整个生活用电。

（2）大中型数据中心。

服务器规模在几千台到几万台，可用于本地交互或者关键业务。在设计上非常重视延迟和高可用性，其坐落地点尽可能地接近用户，而且采用了标准硬件和软件，如戴尔的服务器和 MySQL 的数据库等，常见的 PUE 大概在 1.5 到 1.9 之间。

表 4-2 为巨型和大中型数据中心的区别。

表 4-2　两类数据中心之间的对照表

数据中心	巨型数据中心	大中型数据中心
工作负载	内容交付	本地交互/关键业务
地点	离发电厂近	离用户近
设计特点	高吞吐量、低成本	低延迟，高可用性
服务器定制化	多	少
SLA	普通	高
服务器数量	10万台以上	千台以上
数据中心数量	10个以内	几十个
PUE估值	1.2	1.5

最后，简要介绍一下用户和数据中心之间的交互过程（图 4-3）。首先，当普通用户访问谷歌服务时，大多会根据其请求的 IP 地址或者其所属的 ISP（Internet Service Provider，互联网服务提供商）将这个请求转发到用户本地的数据中心。如果本地数据中心无法处理这个请求，它很有可能将这个请求转发给远端的内容交付数据中心。其次，当广告客户想接入谷歌的广告系统时，这个请求会直接转发至其专业的关键业务数据中心来处理。

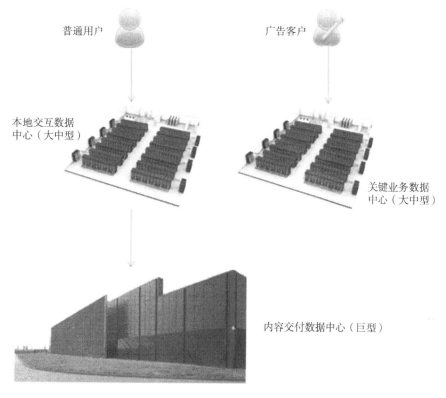

普通用户

广告客户

本地交互数据
中心（大中型）

关键业务数据
中心（大中型）

内容交付数据中心（巨型）

图4-3　用户和数据中心之间的交互过程

4.3 GFS

谷歌文件系统（Google File System，GFS）是一个大型的分布式文件系统。它为谷歌云计算提供海量存储，并且与 MapReduce、Chubby、BigTable 等技术紧密结合，处于所有核心技术的底层。参考文献[1]是谷歌公布的关于 GFS 的最为详尽的技术文档，它从 GFS 产生的背景、特点、系统框架、性能测试等方面进行了详细的阐述。

和其他的分布式文件系统相比，GFS 的创新之处并不在于它采用了多么令人惊讶、高深的技术原理，而在于它是利用廉价的商用机器构建分布式文件系统，同时将 GFS 的设计与谷歌应用的特点紧密结合，并简化其实现，使之可行，最终达到创意新颖、有用、可行的完美组合。GFS 使用廉价的商用机器构建分布式文件系统，将容错的任务交由文件系统来完成，利用软件的方法解决系统可靠性问题，这样可以使得存储的成本成倍下降。如前所述，由于 GFS 中服务器数目众多，在 GFS 中服务器死机是经常发生事情，甚至都不应当将其视为异常现象，那么如何在频繁的故障中确保数据存储的安全、保证提供不间断的数据存储服务是 GFS 最核心的问题。GFS 的精彩在于它采用了多种方法，从多个角度使用不同的容错措施来确保整个系统的可靠性。

4.3.1　系统结构

GFS 的系统结构如图 4-4 所示，GFS 将整个系统的节点分为三种角色：Client（客户端）、Master（主服务器）和 Chunk Server（数据块服务器）。

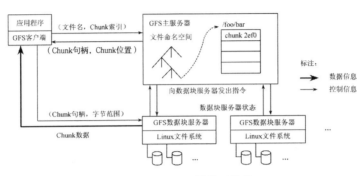

图4-4　GFS的体系结构

（1）Client：Client 是 GFS 提供给应用程序的访问接口，它是一组以库文件的形式提供的专用接口。应用程序可以直接调用这些库函数，并与该库链接在一起，从而实现对 GFS 的访问。

（2）Master：Master 是 GFS 的管理节点，在逻辑上只有一个，负责整个文件系统的管理，并保存着系统的元数据，是 GFS 文件系统的大脑。Chunk Server 则负责具体的存储工作。

（3）Chunk Server：系统中的数据以文件的形式存储在 Chunk Server 上，GFS 的规模决定了 Chunk Server 的数目。GFS 将文件以固定的大小进行划分分块，默认是 64MB 一块，每一块称为一个 Chunk（数据块），每个 Chunk 都有一个与之对应的索引号（Index）。

如图 4-4 所示，GFS 系统为上层提供文件服务的过程是：Client 首先访问 Master 节点，获得 GFS 分配的、将要为其服务的 Chunk Server 节点的信息，然后 Client 直接去访问这些 Chunk Server，以完成数据的存取。

GFS 的这种设计思想实现了数据流和控制流的分离。首先，Client 与 Master 节点之间只有控制流，而没有数据流，这就极大地降低了 Master 节点的负载，从而使整个文件系统的逻辑中心 Master 节点不成为影响系统性能的瓶颈。另外，Client 与 Chunk Server 之间直接传输数据流，同时由于文件被分成多个 Chunk 进行分布式存储，Client 可以同时访问多个 Chunk Server，从而使整个文件系统的 I/O 高度并行，系统的整体性能得以提高。

相对于传统的分布式文件系统，GFS 针对谷歌应用的特点从多个方面进行了简化，从而在一定规模下达到成本、可靠性和性能的最佳平衡。具体地，它具有以下几个特点。

1.　中心服务器模式

GFS 采用中心服务器模式来管理整个文件系统，可以大大简化设计，从而降低实现难度。Master 管理了分布式文件系统中的所有元数据。文件划分为 Chunk 进行存储，对于 Master 来说，每个 Chunk Server 只是一个存储空间。Client 发起的所有操作都需要先通过 Master 才能执行。

这样做有许多好处，增加新的 Chunk Server 是一件十分容易的事情，Chunk Server 只需要注册到 Master 上即可，Chunk Server 之间无任何关系。如果采用完全对等的、无中心的模式，那么如何将 Chunk Server 的更新信息通知到每一个 Chunk Server，会是设计的一个难点，而这也将在一定程度上影响系统的扩展性。Master 维护了一个统一的命名空间，同时掌握整个系统内 Chunk Server 的情况，据此可以实现整个系统范围内数据存储的负载均衡。由于只有一个中心服务器，元数据的一致性问题自然解决。

当然，中心服务器模式也带来一些固有的缺点，如极易成为整个系统的瓶颈等。GFS 采用多种机制来避免 Master 成为系统性能和可靠性上的瓶颈，如尽量控制元数据的规模、对 Master 进行远程备份、控制信息和数据分流等。

2.　不缓存数据

缓存机制是提升文件系统性能的一个重要手段，通用文件系统为了提高性能，一般需要实现复杂的缓存（Cache）机制。GFS 文件系统根据应用的特点，没有实现缓存，这是从必要性和可行性两方面考虑的。从必要性上讲，客户端大部分是流式顺序读写，并不存在大量的重复读写，缓存这部分数据对系统整体性能的提高作用不大；而对于 Chunk Server，由于 GFS 的数据在 Chunk Server 上以文件的形式存储，如果对某块数据读取频繁，本地的文件系统自然会将其缓存。从可行性上讲，如何维护缓存与实际数据之间的一致性是一个极其复杂的问题，在 GFS 中，各个 Chunk Server 的稳定性都无法确保，加之网络等多种不确定因素，一致性问题尤为复杂。此外由于读取的数据量巨大，以当前的内存容量无法完全缓存。对于存储在 Master 中的元数据，GFS 采取了缓存策略，GFS 中 Client 发起的所有操作都需要先经过 Master。Master 需要对其元数据进行频繁操作，为了提高操作的效率，Master 的元数据都是直接保存在内存中进行操作；同时采用相应的压缩机制降低元数据占用空间的大小，提高内存的利用率。

3.　在用户态下实现

文件系统作为操作系统的重要组成部分，其实现通常位于操作系统底层。以 Linux 为例，无论是本地文件系统（如 Ext3 文件系统），还是分布式文件系统（如 Lustre 等），都是在内核态实现的。在内核态实现文件系统，可以更好地和操作系统本身结合，向上提供兼容的 POSIX 接口。然而，GFS 却选择在用户态下实现，主要基于以下几方面的考虑。

（1）在用户态下实现，直接利用操作系统提供的 POSIX 编程接口就可以存取数据，无需了解操作系统的内部实现机制和接口，从而降低了实现的难度，并提高了通用性。

（2）POSIX 接口提供的功能更为丰富，在实现过程中可以利用更多的特性，而不像内核编程那样受限。

（3）用户态下有多种调试工具，而在内核态中调试相对比较困难。

（4）用户态下，Master 和 Chunk Server 都以进程的方式运行，单个进程不会影响到整个操作系统，从而可以对其进行充分优化。在内核态下，如果不能很好地掌握其特性，效率不但不会高，甚至还会影响到整个系统运行的稳定性。

（5）用户态下，GFS 和操作系统运行在不同的空间，两者耦合性降低，从而方便 GFS 自身和内核的单独升级。

4. 只提供专用接口

通常的分布式文件系统一般都会提供一组与 POSIX 规范兼容的接口。其优点是应用程序可以通过操作系统的统一接口来透明地访问文件系统，而不需要重新编译程序。GFS 在设计之初，是完全面向谷歌的应用的，采用了专用的文件系统访问接口。接口以库文件的形式提供，应用程序与库文件一起编译，谷歌应用程序在代码中通过调用这些库文件的 API，完成对 GFS 文件系统的访问。采用专用接口有以下几方面的好处。

（1）降低了实现的复杂度。通常与 POSIX 兼容的接口需要在操作系统内核一级实现，而 GFS 是在应用层实现的。

（2）采用专用接口可以根据应用的特点对应用提供一些特殊支持，如支持多个文件并发追加的接口等。

（3）专用接口直接和 Client、Master、Chunk Server 交互，减少了操作系统之间上下文的切换，降低了复杂度，提高了效率。

4.3.2 容错机制

1. Master容错

具体来说，Master 节点中保存了 GFS 文件系统的三种元数据：第一种是命名空间（Name Space），也就是整个文件系统的目录结构。第二种是 Chunk 与文件名的映射表。第三种是 Chunk 副本的位置信息，每一个 Chunk 默认有三个副本。

首先，就单个 Master 来说，对于前两种元数据，GFS 通过操作日志来提供容错功能。第三种元数据信息则直接保存在各个 Chunk Server 上，当 Master 启动或 Chunk

Server 向 Master 注册时自动生成。因此当 Master 发生故障时，在磁盘数据保存完好的情况下，可以迅速恢复以上元数据。为了防止 Master 彻底死机的情况，GFS 还提供了 Master 远程的实时备份，这样在当前的 GFS Master 出现故障无法工作的时候，另外一台 GFS Master 可以迅速接替其工作。

2. Chunk Server容错

GFS 采用副本的方式实现 Chunk Server 的容错。每一个 Chunk 有多个存储副本(默认为三个)，分布存储在不同的 Chunk Server 上。副本的分布策略需要考虑多种因素，如网络的拓扑、机架的分布、磁盘的利用率等。对于每一个 Chunk，必须将所有的副本全部写入成功，才视为成功写入。在其后的过程中，如果相关的副本出现丢失或不可恢复等状况，Master 会自动将该副本复制到其他 Chunk Server，从而确保副本保持一定的个数。尽管一份数据需要存储三份，好像磁盘空间的利用率不高，但综合比较多种因素，加之磁盘的成本不断下降，采用副本无疑是最简单、最可靠、最有效，而且实现的难度也最小的一种方法。

GFS 中的每一个文件被划分成多个 Chunk，Chunk 的默认大小是 64MB，这是因为谷歌应用中处理的文件都比较大，以 64MB 为单位进行划分，是一个较为合理的选择。Chunk Server 存储的是 Chunk 的副本，副本以文件的形式进行存储。每一个 Chunk 以 Block 为单位进行划分，大小为 64KB，每一个 Block 对应一个 32bit 的校验和。当读取一个 Chunk 副本时，Chunk Server 会将读取的数据和校验和进行比较，如果不匹配，就会返回错误，从而使 Client 选择其他 Chunk Server 上的副本。

4.3.3 系统管理技术

从严格意义上来说，GFS 是一个分布式文件系统，包含从硬件到软件的整套解决方案。除了上面提到的 GFS 的一些关键技术外，还有相应的系统管理技术来支持整个 GFS 的应用，这些技术可能并不一定为 GFS 所独有。

1. 大规模集群安装技术

安装 GFS 的集群中通常有非常多的节点，参考文献[1]中最大的集群超过 1000 个节点，而现在的谷歌数据中心动辄有万台以上的机器在运行。那么，迅速地安装、部署一个 GFS 的系统，以及迅速地进行节点的系统升级等，都需要相应的技术支撑。

2. 故障检测技术

GFS 是构建在不可靠的廉价计算机之上的文件系统，由于节点数目众多，故障发生十分频繁，如何在最短的时间内发现并确定发生故障的 Chunk Server，需要相关的集群监控技术。

3．节点动态加入技术

当有新的 Chunk Server 加入时，如果需要事先安装好系统，那么系统扩展将是一件十分烦琐的事情。如果能够做到只需将裸机加入，就会自动获取系统并安装运行，那么将会大大减少 GFS 维护的工作量。

4．节能技术

有关数据表明，服务器的耗电成本大于当初的购买成本，因此谷歌采用了多种机制来降低服务器的能耗，如对服务器主板进行修改，采用蓄电池代替昂贵的 UPS（不间断电源系统），提高能量的利用率，Rich Miller 在一篇关于数据中心的博客中表示，这个设计让谷歌的 UPS 利用率达到 99.9%，而一般数据中心只能达到 92%～95%。

4.4 MapReduce

MapReduce 是谷歌提出的一种提供海量数据处理的并行编程模型，用于对大规模的数据集（大于 1TB）进行并行处理。MapReduce 的核心思想是将需要运算的问题拆解成"Map（映射）"和"Reduce（化简）"这样两个简单的步骤来进行处理，用户只需要提供自己编写的 Map 函数和 Reduce 函数就可以在系统上进行大规模的分布式数据处理。由于 MapReduce 有函数式和矢量编程语言的共性，这种编程模型特别适合于非结构化和结构化的海量数据的搜索、挖掘、分析与机器智能学习等。

4.4.1 产生背景

MapReduce 这种并行编程模式思想最早是在 1995 年提出的，参考文献[3]首次提出了"Map"和"Fold"的概念，和现在谷歌所使用的"Map"和"Reduce"思想是相吻合的。

与传统的分布式程序设计相比，MapReduce 封装了并行处理、容错处理、本地化计算、负载均衡等细节，还提供了一个简单而强大的接口。这个接口可以把大尺度的计算自动地并发和分布执行，从而使编程变得非常容易。还可以通过由普通 PC 构成的巨大集群来达到极高的性能。另外，MapReduce 也具有较好的通用性，大量不同的问题都可以简单地通过 MapReduce 来解决。

MapReduce 把对数据集的大规模操作分发给一个主节点管理下的各分节点共同完成，通过这种方式实现任务的可靠执行与容错机制。在每个时间周期，主节点都会对分节点的工作状态进行标记，一旦分节点状态标记为死亡状态，则这个节点的所有任务都将分配给其他分节点重新执行。

据统计，每使用一次谷歌搜索引擎，谷歌的后台服务器就要进行 10^{11} 次运算。这么庞大的运算量，如果没有好的负载均衡机制，有些服务器的利用率会很低，有些则会负荷太重，有些甚至可能死机，这些都会影响系统对用户的服务质量。而使用 MapReduce 这种编程模式，就保持了服务器之间的均衡，提高了整体效率。

4.4.2　编程模型

图 4-5 所示为 MapReduce 的运行模型，假设共有 M 个 Map 操作和 R 个 Reduce 操作。

（1）Map：一个 Map 操作就是对部分输入的原始数据进行指定的操作。每个 Map 操作都针对不同的原始数据，因此 Map 与 Map 之间是互相独立的，从而实现并行化的处理。

（2）Reduce：一个 Reduce 操作就是对每个 Map 所产生的一部分中间结果进行合并操作，每个 Reduce 所处理的 Map 中间结果是互不交叉的，所有 Reduce 产生的最终结果经过简单的连接就形成了完整的结果集，因此 Reduce 的执行也是并行化的。

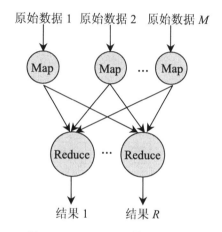

图4-5　MapReduce的运行模型

具体地，在使用 MapReduce 开发并行处理程序时，用户需要编写以下两个函数：

（1）Map：（in_key, in_value）　➜　{（key_j, $value_j$）| $j = 1\cdots k$}；

（2）Reduce：（key, [$value_1$,$\cdots$,$value_m$]）　➜　（key, final_value）。

Map 函数和 Reduce 函数的输入参数和输出结果根据具体应用的不同而不同。Map 的输入参数是 in_key 和 in_value，它表示了 Map 需要处理的原始数据。Map 的输出结果是一组<key, value>对，这是经过该 Map 操作后产生的中间结果。在进行 Reduce 操作之前，系统已经将所有 Map 产生的中间结果进行了分类处理，使得相同 key 对应的一系列 value 能够集合在一起提供给一个 Reduce 进行统一处理，则 Reduce 的输入参数就是（key, [$value_1$,$\cdots$,$value_m$]）。Reduce 的工作就是对这些对应相同 key 的 value 值进行归并处理，最终形成（key, final_value）的结果。这样，一个 Reduce 就处理了一个 key，所有 Reduce 的结果合并在一起就是问题的最终运算结果。更重要的是，上述过程中，无论是各个 Map 还是各个 Reduce，都是并行执行的。

举个例子，假设我们想用 MapReduce 来计算一个大型文本文件中各个单词出现的次数，Map 的输入参数指明了需要处理哪部分数据，以<在文本中的起始位置，需要处理的数据长度>表示，经过 Map 处理，形成一批中间结果<单词，出现次数>。而 Reduce 函数则是把中间结果进行处理，将相同单词出现的次数进行累加，得到每个单词总的出现次数。

4.4.3 执行流程

图 4-6 所示是实现 MapReduce 操作的执行流程。当用户程序调用 MapReduce 函数，就会引起如下操作。

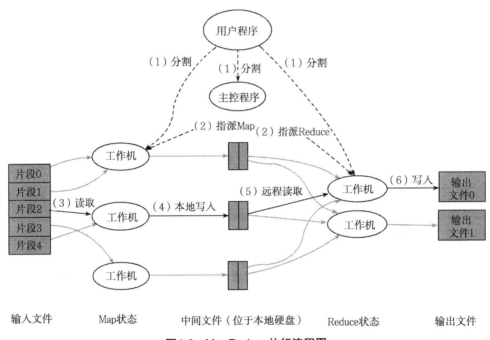

图4-6 MapReduce执行流程图

（1）用户程序中的 MapReduce 函数库首先把输入文件分成 M 块，每块大概为16M ~ 64MB（可以通过参数设定），然后开始在集群的机器上执行处理程序。

（2）在这些分派的执行程序中有一个程序比较特别，它是主控程序 Master。剩下的执行程序都是作为 Master 分派工作的 Worker（工作机）。总共有 M 个 Map 任务和 R 个 Reduce 任务需要分派，Master 选择空闲的 Worker 来分配这些 Map 或者 Reduce 任务。

（3）一个分配了 Map 任务的 Worker 读取并处理相关的输入块。它处理输入的数据，并且将分析出的<key, value>对传递给用户定义的 Map 函数。Map 函数产生的中间结果<key, value>对暂时缓冲到内存。

（4）这些缓冲到内存的中间结果将被定时写到本地硬盘，这些数据通过分区函数分成 R 个区。中间结果在本地硬盘的位置信息将被发送回 Master，然后 Master 负责把这些位置信息传送给 Reduce Worker。

（5）当 Master 通知 Reduce 的 Worker 关于中间<key, value>对的位置时，它调用远程过程来从 Map Worker 的本地硬盘上读取缓冲的中间数据。当 Reduce Worker 读到所有的中间数据，它就使用中间 key 进行排序，这样可以使得相同 key 的值都在一起。因为有许多不同 key 的 Map 都对应相同的 Reduce 任务，所以，排序是必须的。如果中间结果集过于庞大，那么就需要使用外排序。

（6）Reduce Worker 根据每一个唯一中间 key 来遍历所有的排序后的中间数据，并且把 key 和相关的中间结果值集合传递给用户定义的 Reduce 函数。Reduce 函数的结果输出到一个最终的输出文件。

（7）当所有的 Map 任务和 Reduce 任务都已经完成的时候，Master 激活用户程序。此时 MapReduce 返回用户程序的调用点。

由于 MapReduce 是在成千上万台机器上处理海量数据的，所以容错机制是必不可少的。本质上，MapReduce 的容错机制是通过重新执行失效的地方来实现的。

（1）Master 失效。

在 Master 中，会周期性地设置检查点（Checkpoint），并导出 Master 的数据。一旦某个任务失效了，就可以从最近的一个检查点恢复并重新执行。不过由于只有一个 Master 在运行，如果 Master 失效了，则只能终止整个 MapReduce 程序的运行并重新开始。

（2）Worker 失效。

相对于 Master 失效而言，Worker 失效算是一种常见的状态。Master 会周期性地给 Worker 发送 ping 命令，如果没有 Worker 的应答，则 Master 认为 Worker 失效，终止对这个 Worker 的任务调度，把失效 Worker 的任务调度到其他 Worker 上重新执行。

4.4.4　单词计数问题

前面提到过的单词计数（Word Count）是一个经典的问题，也是能体现 MapReduce 设计思想的最简单算法之一。该算法主要是为了完成对文字数据中所出现的单词进行计数，如图 4-7 所示。

图4-7　单词计数

下面就根据 MapReduce 的原理，介绍单词计数问题的执行过程。

（1）根据文件所包含的信息分割（Split）文件，在这里把文件的每行分割为一组，共三组，如图 4-8 所示。这一步由系统自动完成。

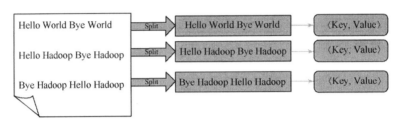

图4-8　分割过程

（2）对分割之后的每一对<key, value>利用用户自定义的 Map 函数进行处理，再生成新的<key, value>对，如图 4-9 所示。

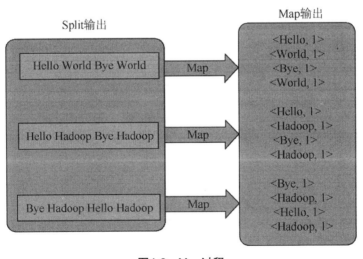

图4-9　Map过程

（3）Map 输出之后有一个内部的 Fold 过程，和第一步一样，都是由系统自动完成的，如图 4-10 所示。

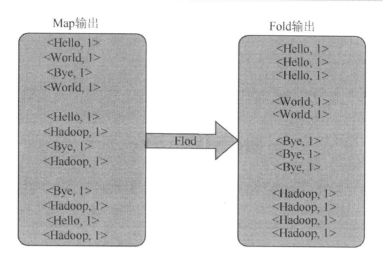

图4-10　Fold过程

（4）经过 Fold 步骤之后的输出与结果已经非常接近，再由用户定义的 Reduce 步骤完成最后的工作即可，如图 4-11 所示。

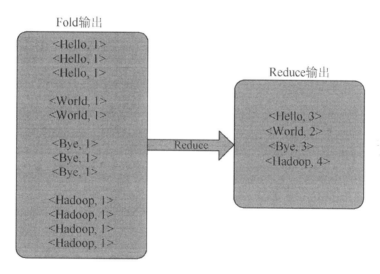

图4-11　Reduce过程

4.5 Chubby

Chubby 是谷歌提出的一种支持粗粒度锁服务的文件系统，它解决了分布式环境的并发一致性问题。通过使用 Chubby 的锁服务，用户可以确保数据操作过程中的一致性。值得注意的是，Chubby 提供的只是一种建议性的锁（Advisory Lock）而不是强制性的锁（Mandatory Lock），这就使得系统具有了更大的灵活性。

在谷歌云计算体系中，GFS 使用 Chubby 来选取一个 GFS 主服务器，BigTable 使用

Chubby 指定一个主服务器并发现、控制与其相关的子表服务器。除了最常用的锁服务之外，Chubby 还可以作为一个稳定的存储系统存储包括元数据在内的小数据。同时，谷歌内部还使用 Chubby 进行名字服务（Name Server）。

4.5.1 产生背景

通常情况下，谷歌的一个数据中心仅运行一个 Chubby 单元（Chubby Cell），而这个单元需要支持包括 GFS、BigTable 在内的众多谷歌服务。这种苛刻的服务要求使得 Chubby 在设计之初就要充分考虑到系统需要实现的目标，以及可能出现的各种问题。

Chubby 的设计目标主要有以下几点。

（1）高可用性和高可靠性。这是系统设计的首要目标，在保证这一目标的基础上再考虑系统的吞吐量和存储能力。

（2）高扩展性。将数据存储在价格较为低廉的 RAM，支持大规模用户访问文件。

（3）支持粗粒度的建议性锁服务。提供这种服务的根本目的是提高系统的性能。

（4）服务信息的直接存储。可以直接存储包括元数据、系统参数在内的有关服务信息，而不需要再维护另一个服务。

（5）支持通报机制。客户可以及时地了解到事件的发生。

（6）支持缓存机制。通过一致性缓存将常用信息保存在客户端，避免了频繁地访问主服务器。

目前，在分布式系统中保持数据一致性最常用也最有效的算法是 Paxos，很多系统就是将 Paxos 算法作为其一致性算法的核心。但是谷歌并没有直接实现一个包含了 Paxos 算法的函数库，谷歌设计了一个全新的锁服务 Chubby。谷歌做出这种设计主要是考虑到以下几方面的问题。

（1）通常情况下，开发者在开发的初期很少考虑系统的一致性问题，但是随着开发的不断进行，这种问题会变得越来越严重。单独的锁服务可以保证原有系统的架构不会发生改变，而使用函数库的话，很可能需要对系统的架构做出大幅度的改动。

（2）系统中很多事件的发生是需要告知其他用户和服务器的，使用一个基于文件系统的锁服务可以将这些变动写入文件中。这样其他需要了解这些变动的用户和服务器直接访问这些文件即可，避免了因大量的系统组件之间的事件通信带来的系统性能下降。

（3）基于锁的开发接口容易被开发者接受。虽然在分布式系统中锁的使用会有很大的不同，但是和一致性算法相比，锁显然被更多的开发者所熟知。

一般来说，分布式一致性问题通过 quorum 机制（即根据少数服从多数的选举原则产生一个决议）做出决策，为了保证系统的高可用性，需要若干台机器，但是使用单独的锁服务的话，一台机器也能保证这种高可用性。也就是说，Chubby 在自身服务的实现时利用若干台机器实现了高可用性，而外部用户利用 Chubby 则只需一台机器就可以保证高可用性。

正是考虑到以上几个问题，谷歌设计了 Chubby，而不是单独地维护一个函数库。设计过程中的一些细节问题也值得我们关注，如在 Chubby 系统中采用了建议性的锁而没有采用强制性的锁。两者的根本区别在于用户访问某个被锁定的文件时，建议性的锁不会阻止这种行为，而强制性的锁则会，实际上这是为了便于系统组件之间的信息交互行为。另外，Chubby 还采用了粗粒度（Coarse-Grained）锁服务而没有采用细粒度（Fine-Grained）锁服务，两者的差异在于持有锁的时间。细粒度的锁持有时间很短，常常只有几秒甚至更少，而粗粒度的锁持有的时间可长达几天，做出如此选择的目的是减少频繁换锁带来的系统开销。

4.5.2　系统架构

图 4-12 所示是 Chubby 的基本架构。逻辑上，Chubby 分为两个部分：客户端和服务器端，客户端和服务器端之间通过 RPC（Remote Procedure Call，远程过程调用）来连接。在客户端，每个客户应用程序都有一个 Chubby 程序库（Chubby Library），客户端的所有应用都是通过调用这个库中的相关函数来完成的。服务器端称为 Chubby 单元（Chubby Cell），一般由五个称为副本（Replica）的服务器组成，这五个副本在配置上完全相同，并且在系统刚开始运行时处于同等的地位。这些副本通过 quorum 机制选举产生一个主服务器（Master），并保证在一定的时间内有且仅有一个主服务器，这个时间就称为主服务器租约期（Master Lease）。如果某个服务器被连续选举为主服务器，则这个租约期就会不断地被更新。租续期内所有的客户请求都是由主服务器来处理的。客户端如果需要确定主服务器的位置，可以向 DNS 发送一个主服务器定位请求，非主服务器的副本将对该请求做出回应。通过这种方式，客户端就能够快速、准确地对主服务器做出定位。

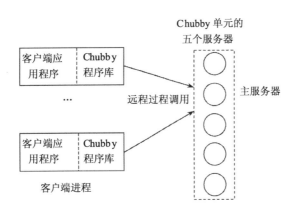

图4-12 Chubby的基本架构

其实，本质上，Chubby 系统就是一个分布式的、存储大量小文件的文件系统，它所有的操作都是在文件的基础上完成的。例如，在 Chubby 最常用的锁服务中，每一个文件就代表了一个锁，用户通过打开、关闭和读取文件，获取共享（Shared）锁或独占（Exclusive）锁。在选举主服务器的过程中，符合条件的服务器都同时申请打开某个文件并请求锁住该文件，成功获得锁的服务器自动成为主服务器并将其地址写入这个文件夹，以便其他服务器和用户可以获知主服务器的地址信息。

4.5.3 通信协议

客户端和主服务器之间的通信是通过 KeepAlive 握手协议来维持的，图 4-13 所示就是这一通信过程的简单示意。

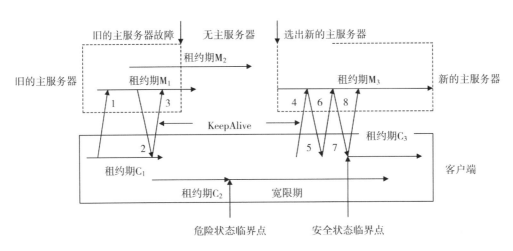

图4-13 Chubby客户端与服务器端的通信过程

图 4-13 中，时间从左向右增加，斜向上的箭头表示一次 KeepAlive 请求，斜向下

的箭头则是主服务器的一次回应。M_1、M_2、M_3 表示不同的主服务器租约期。C_1、C_2、C_3 则是客户端对主服务器租约期时长做出的一个估计。KeepAlive 是周期发送的一种信息，主要有两方面的功能：延迟租约的有效期和携带事件信息告诉用户更新。主要的事件包括文件内容被修改，子节点的增加、删除和修改，主服务器出错，句柄失效等。正常情况下，通过 KeepAlive 握手协议，租约期会得到延长，事件也会及时地通知给用户。由于系统有一定的失效概率，因此引入故障处理措施是很有必要的。通常情况下，系统可能会出现两种故障：客户端租约期过期和主服务器故障。对于这两种情况，系统有不同的应对方式。

1. 客户端租约过期

刚开始时，客户端向主服务器发出一个 KeepAlive 请求（图 4-13 中的 1），如果有需要通知的事件时，则主服务器会立刻做出回应，否则主服务器并不立刻对这个请求做出回应，而是等到客户端的租约期 C_1 快结束的时候才做出回应（图 4-13 中的 2），并更新主服务器租约期为 M_2。客户端在接到这个回应后认为该主服务器仍处于活跃状态，于是将租约期更新为 C_2 并立刻发出新的 KeepAlive 请求（图 4-13 中的 3）。同样，主服务器可能不是立刻回应而是等待 C_2 接近结束，但是在这个过程中主服务器出现故障停止使用。在等待了一段时间后 C_2 到期，由于并没有收到主服务器的回应，系统向客户端发出一个危险（Jeopardy）事件，客户端清空并暂时停用自己的缓存，从而进入一个称为宽限期（Grace Period）的危险状态。这个宽限期默认是 45 秒。在宽限期内，客户端不会立刻断开其与服务器端的联系，而是不断地做探询。图 4-13 中,新的主服务器很快被重新选出，当它接到客户端的第一个 KeepAlive 请求（图 4-13 中的 4）时会拒绝（图 4-15 中的 5），因为这个请求的纪元号（Epoch Number）错误。不同主服务器的纪元号不相同，客户端的每次请求都需要这个号来保证处理的请求是针对当前的主服务器。客户端在主服务器拒绝之后会使用新的纪元号来发送 KeepAlive 请求（图 4-13 中的 6）。新的主服务器接受这个请求并立刻做出回应（图 4-13 中的 7）。如果客户端接收到这个回应的时间仍处于宽限期内，则系统会恢复到安全状态，租约期更新为 C3。如果在宽限期未接到主服务器的相关回应，则客户端终止当前的会话。

2. 主服务器出错

在客户端和主服务器端进行通信时可能会遇到主服务器故障，图 4-13 就出现了这种情况。正常情况下，在旧的主服务器出现故障后，系统会很快地选举出新的主服务器，新选举的主服务器在完全运行前需要经历以下九个步骤。

（1）产生一个新的纪元号，以便今后客户端通信时使用，这能保证当前的主服务器不必处理针对旧的主服务器的请求。

（2）只处理主服务器位置相关的信息，不处理会话相关的信息。

（3）构建处理会话和锁所需的内部数据结构。

（4）允许客户端发送 KeepAlive 请求，不处理其他会话相关的信息。

（5）向每个会话发送一个故障事件，促使所有的客户端清空缓存。

（6）等待直到所有的会话都收到故障事件或会话终止。

（7）开始允许执行所有的操作。

（8）如果客户端使用了旧的句柄，则需要为其重新构建新的句柄。

（9）一定时间段后（如 1 分钟），删除没有被打开过的临时文件夹。

如果这一过程在宽限期内顺利完成，则用户不会感觉到任何故障的发生，也就是说新旧主服务器的替换对于用户来说是透明的，用户感觉到的仅仅是一个延迟。使用宽限期的好处正是如此。

在系统实现时，Chubby 还使用了一致性客户端缓存（Consistent Client-Side Caching）技术，这样做的目的是减少通信压力，降低通信频率。在客户端保存一个和单元上数据一致的本地缓存，这样在需要时，客户可以直接从缓存中取出数据而不用再和主服务器通信。当某个文件数据或者元数据需要修改时，主服务器首先将这个修改阻塞；然后通过查询主服务器自身维护的一个缓存表，向所有对修改的数据进行了缓存的客户端发送一个无效标志（Invalidation）；客户端收到这个无效标志后会返回一个确认（Acknowledge），主服务器在收到所有的确认后才解除阻塞并完成这次修改。这个过程的执行效率非常高，仅仅需要发送一次无效标志即可，因为主服务器对于没有返回确认的节点就直接认为其是未缓存的。

4.5.4 正确性与性能

1. 一致性

前面提到，每个 Chubby 单元是由五个副本组成的，这五个副本中需要选举产生一个主服务器，这种选举本质上就是一个一致性问题。在实际的执行过程中，Chubby 使用 Paxos 算法来解决这个问题。

主服务器产生后，客户端的所有读写操作都是由主服务器来完成的。读操作很简单，客户直接从主服务器上读取所需数据即可，但是写操作就涉及数据一致性的问题了。为了保证客户的写操作能够同步到所有的服务器上，系统再次利用了 Paxos 算法。因此，可以看出 Paxos 算法在分布式一致性问题中的作用是巨大的。

2. 安全性

Chubby 采用的是 ACL 形式的安全保障措施。系统中有三种 ACL 名，分别是写 ACL 名（Write ACL Name）、读 ACL 名（Read ACL Name）和变更 ACL 名（Change ACL

Name）。只要不被覆写，子节点都是直接继承父节点的 ACL 名。ACL 同样被保存在文件中，它是节点元数据的一部分，用户在进行相关操作时，首先需要通过 ACL 来获取相应的授权。图 4-14 是一个用户成功写文件所需经历的过程。

如图 4-14 所示，用户 chinacloud 请求向文件 CLOUD 中写入内容。CLOUD 首先读取自身的写 ACL 名是 fun，接着在 fun 中查到了 chinacloud 这一行记录，于是返回信息允许 chinacloud 对文件进行写操作，此时 chinacloud 才被允许向 CLOUD 写入内容。其他的操作和写操作类似。

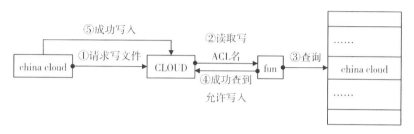

图4-14　Chubby的ACL机制

3. 性能优化

为了满足系统的高可扩展性，Chubby 目前已经采取了一些措施，如提高主服务器默认的租约期，使用协议转换服务将 Chubby 协议转换成较简单的协议，或者使用上面提到的客户端一致性缓存。除此之外，谷歌的工程师们还考虑使用代理（Proxy）和分区（Partition）技术，虽然目前这两种技术并没有实际使用，但是在设计的时候还是被包含进系统，不排除将来使用的可能。代理可以减少主服务器处理 KeepAlive 以及读请求带来的服务器负载，但是它并不能减少写操作带来的通信量。然而，根据谷歌的统计数据，在所有的请求中，写请求仅占极少的一部分，几乎可以忽略不计。使用分区技术可以将一个单元的命名空间（Name Space）划分成 N 份。除了少量的跨分区通信外，大部分的分区都可以独自地处理服务请求。分区可以减少各个分区上的读写通信量，但不能减少 KeepAlive 请求的通信量。因此，如果需要的话，将代理和分区技术结合起来使用才可以明显提高系统同时处理的服务请求量。

4.6 BigTable

BigTable 是谷歌开发的以 GFS、MapReduce、Chubby 为基础的分布式存储系统。谷歌的很多业务数据，如 Web 索引、卫星图像数据等海量的结构化和半结构化数据，都是由 BigTable 存储和管理的。

4.6.1 产生背景

谷歌设计 BigTable 的动机主要有以下三个方面。

第一，需要存储的数据种类繁多。谷歌目前向公众开放的服务很多，需要处理的数据类型也非常多。包括 URL、网页内容、用户的个性化设置在内的数据都是谷歌需要经常处理的。

第二，海量的服务请求。谷歌运行着目前世界上最繁忙的系统，它每时每刻处理的客户服务请求数量是普通的系统根本无法承受的。

第三，商用数据库无法满足谷歌的需求。一方面，现有商用数据库的设计着眼点在于其通用性，面对谷歌的苛刻服务要求根本无法满足，而且在数量庞大的服务器上根本无法成功部署普通的商用数据库。另一方面，对于底层系统的完全掌控会给后期的系统维护、升级带来极大的便利。

在仔细考察了谷歌的日常需求后，BigTable 开发团队确定了 BigTable 设计所需达到的以下几个基本目标。

（1）广泛的适用性。BigTable 是为了满足一系列谷歌产品而并非特定产品的存储要求。

（2）很强的可扩展性。根据需要，随时可以加入或撤销服务器。

（3）高可用性。对于客户来说，有时候即使短暂的服务中断也是不能忍受的。BigTable 设计的重要目标之一就是确保几乎所有的情况下系统都可用。

（4）简单性。底层系统的简单性既可以减少系统出错的概率，也可为上层应用的开发带来便利。

在目标确定之后，谷歌开发者就在现有的数据库技术中进行了大规模的筛选，希望各种技术之间能够扬长避短、巧妙地结合起来，最终实现的系统 BigTable 也确实达到了既定的目标。

4.6.2 数据模型

BigTable 是一个分布式多维映射表，表中的数据是通过一个行关键字（Row Key）、一个列关键字（Column Key）及一个时间戳（Time Stamp）进行索引的。BigTable 对存储在其中的数据不做任何解析，一律看作字符串，具体数据结构的实现需要用户自行处理。BigTable 的存储逻辑可以表示为

（row: string, column: string, time: int64）→string

图 4-15 所示是 BigTable 数据的存储格式。

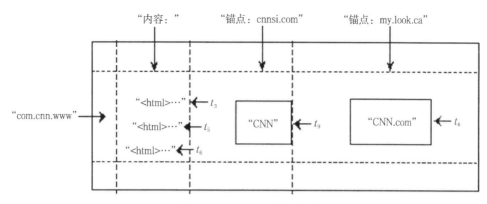

图4-15　BigTable数据模型

1. 行关键字

BigTable 的行关键字可以是任意的字符串，但是大小不能够超过 64kB。BigTable 和传统的关系型数据库有很大不同，它不支持一般意义上的事务，但能保证对于行的读写操作具有原子性（Atomic）。表中数据都是根据行关键字进行排序的，排序使用的是词典序。图 4-17 是 BigTable 数据模型的一个典型实例，其中 com.cn.www 就是一个行关键字。不直接存储网页地址而将其倒排是 BigTable 的一个巧妙设计。这样做至少会带来以下两个好处。

（1）同一地址域的网页会被存储在表中的连续位置，有利于用户查找和分析。

（2）倒排便于数据压缩，可以大幅提高压缩率。

单个的大表由于规模问题不利于数据的处理，因此 BigTable 将一个表分为很多子表（Tablet），每个子表包含多个行。子表是 BigTable 中数据划分和负载均衡的基本单位。

2. 列关键字

BigTable 并不是简单地存储所有的列关键字，而是将其组织成所谓的列族（Column Family），每个族中的数据都属于同一个类型，并且同族的数据会被压缩在一起保存。引入了列族的概念之后，列关键字就采用下述的语法规则来定义：

族名：限定词（family：qualifier）

族名必须有意义，限定词则可以任意选定。在图 4-15 中，内容（Contents）、锚点（Anchor，就是 HTML 中的链接）都是不同的族。而 cnnsi.com 和 my.look.ca 则是锚点族中不同的限定词。通过这种方式组织的数据结构清晰明了，含义也很清楚。族同时也是 BigTable 中访问控制（Access Control）的基本单元，也就是说，访问权限的设置是在族这一级别上进行的。

3. 时间戳

谷歌的很多服务，如网页检索和用户的个性化设置等，都需要保存不同时间的数据，这些不同的数据版本必须通过时间戳来区分。图 4-17 中内容列的 t_3、t_5 和 t_6 表明其中保存了在 t_3、t_5 和 t_6 这三个时间获取的网页。BigTable 中的时间戳是 64 位整型数，具体的赋值方式可以采取系统默认的方式，也可以用户自行定义。

为了简化不同版本的数据管理，BigTable 目前提供了两种设置：一是保留最近的 N 个不同版本，图 4-17 中数据模型采取的就是这种方法，它保存最新的三个版本数据；二是保留限定时间内的所有不同版本，如可以保存最近 10 天的所有不同版本数据。失效的版本将会由 BigTable 的垃圾回收机制自动处理。

4.6.3 系统架构

图 4-16 所示是 BigTable 的基本架构。其中，Google WorkQueue 是一个分布式的任务调度器，主要用来处理分布式系统的队列分组和任务调度。另外，在 BigTable 中，GFS 主要用来存储子表数据及一些日志文件，Chubby 为 BigTable 提供了锁服务的支持。

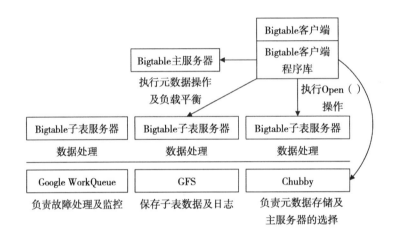

图4-16 BigTable基本架构

如图 4-16 所示，逻辑上，BigTable 主要由三个部分组成：客户端程序库（Client Library）、一个主服务器（Master Server）和多个子表服务器（Tablet Server）。客户端需要访问 BigTable 的服务时，首先要使用其库函数执行 Open（）操作，通过 Chubby 打开一个锁（即获取文件目录），锁打开以后，客户端即可和子表服务器进行通信。和 GFS 的思想一致，客户端主要与子表服务器之间通信数据流，而不和主服务器进行数据通信，这使得主服务器的负载大大降低。主服务器主要负责一些元数据的操作及子表服务器之间的负载调度，而实际的数据是存储在子表服务器上的。

4.6.4 主服务器

图 4-17 所示是 BigTable 中主服务器的主要作用。

当一个新的子表产生时，主服务器通过一个加载命令将其分配给一个空间足够的子表服务器。创建新表、表合并及较大子表的分裂都会产生一个或多个新子表。对于前面两种，主服务器会自动检测到，因为这两个操作是由主服务器发起的，而较大子表的分裂是由子服务发起并完成的，所以主服务器并不能自动检测到，因此在分割完成之后，子服务器需要向主服务发出一个通知。系统设计之初就要求能达到良好的扩展性，所以主服务器必须对子表服务器的状态进行监控，以便及时检测到服务器的加入或撤

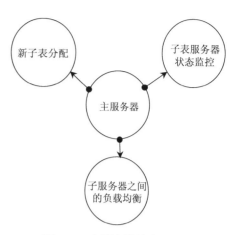

图4-17　主服务器的主要作用

销。BigTable 中主服务器对子表服务器的监控是通过 Chubby 来完成的，子表服务器在初始化时都会从 Chubby 中得到一个独占锁。通过这种方式，所有的子表服务器基本信息被保存在 Chubby 中一个称为服务器目录（Server Directory）的特殊目录之中。主服务器通过检测这个目录就可以随时获取最新的子表服务器信息，包括目前活跃的子表服务器，以及每个子表服务器上现已分配的子表。对于每个具体的子表服务器，主服务器会定期向其询问独占锁的状态。如果子表服务器的锁丢失或没有回应，则此时可能有两种情况，或是 Chubby 出现了问题，或是子表服务器自身出现了问题。对此，主服务器首先自己尝试获取这个独占锁，如果失败，说明 Chubby 服务出现问题，需等待 Chubby 服务的恢复；如果成功，则说明 Chubby 服务良好而子表服务器本身出现了问题。这种情况下，主服务器会中止这个子表服务器，并将其上的子表全部移至其他子表服务器。当在状态监测时发现某个子表服务器上负载过重时，主服务器会自动对其进行负载均衡操作。

基于前面提到过的，系统出现故障是一种常态的设计理念，每个主服务器被设定了一个会话时间的限制。当某个主服务器到时退出后，管理系统就会指定一个新的主服务器，这个主服务器的启动需要经历以下四个步骤。在成功完成这四个步骤后，主服务器就可以正常运行了。

（1）从 Chubby 中获取一个独占锁，确保同一时间只有一个主服务器。

（2）扫描服务器目录，发现目前活跃的子表服务器。

（3）与所有的活跃子表服务器取得联系，以便了解所有子表的分配情况。

（4）通过扫描元数据表（Metadata Table），发现未分配的子表并将其分配到合适的子表服务器。如果元数据表未分配，则首先需要将根子表（Root Tablet）加入未分配的子表中。这是因为，根子表保存了其他所有元数据子表的信息，确保了扫描能够发现

所有未分配的子表。

4.6.5 子表服务器

BigTable 中实际的数据都是以子表的形式保存在子表服务器上的,客户一般也只和子表服务器进行通信,子表服务器上的操作主要有子表的定位、分配及子表数据的最终存储问题。

1. SSTable及子表基本结构

SSTable 是谷歌为 BigTable 设计的内部数据存储格式。所有的 SSTable 文件都是存储在 GFS 上的,用户可以通过键来查询相应的值,图4-18 是SSTable 格式的基本示意图。

图4-18　SSTable结构

SSTable 中的数据被划分成一个个的块(Block),每个块的大小是可以设置的,一般来说设置为 64kB。在 SSTable 的结尾有一个索引(Index),这个索引保存了 SSTable 中块的位置信息,在 SSTable 打开时,这个索引会被加载进内存,这样用户在查找某个块时首先在内存中查找块的位置信息,然后在硬盘上直接找到这个块,这种查找方法速度非常快。由于每个 SSTable 一般都不是很大,用户还可以选择将其整体加载进内存,这样查找起来会更快。

从概念上来说,子表是表中一系列行的集合,它在系统中的实际组成如图 4-19 所示。

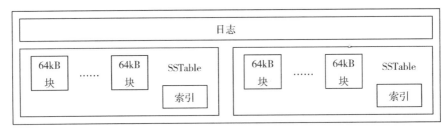

图4-19　子表实际组成

每个子表都是由多个 SSTable 及日志(Log)文件构成的。有一点需要注意,那就是不同子表的 SSTable 可以共享,也就是说,某些 SSTable 会参与多个子表的构成,而由子表构成的表则不存在子表重叠的现象。BigTable 中的日志文件是一种共享日志,也就是说,系统并不是对子表服务器上每个子表都单独地建立一个日志文件,每个子表服务器上仅保存一个日志文件，某个子表日志只是这个共享日志的一个片段。这样会节省大量的空间，但在恢复时却有一定的难度，因为不同的子表可能会被分配到不同的子表服务器上，一般情况下，每个子表服务器都需要读取整个共享日志来获取其对应的子表日志。谷歌为了避免这种情况出现，对日志做了一些改进。BigTable 规定将日志的内容按照键值进行排序，这样，不同的子表服务器都可以连续读取日志文件了。一般来说，每个子表的大小为 100MB~200MB。每个子表服务器上保存的子表数量可以从几十到上千不等，通常情况下是 100 个左右。

2. 子表地址

子表地址的查询是经常碰到的操作。在 BigTable 系统内部采用的是一种类似 B+树的三层查询体系。子表地址结构如图 4-20 所示。

所有的子表地址都被记录在元数据表中，元数据表也是由一个个的元数据子表（Metadata Tablet）组成的。根子表是元数据表中一个比较特殊的子表，它既是元数据表的第一条记录，也包含其他元数据子表的地址，同时，Chubby 中的一个文件也存储了这个根子表的信息。这样在查询时，首先从 Chubby 中提取这个根子表的地址，进而读取所需的元数据子表的位置，最后就可以从元数据子表中找到待查询的子表。除了这些子表的元数据之外，元数据表中还保存了其他一些有利于调试和分析的信息，如事件日志等。

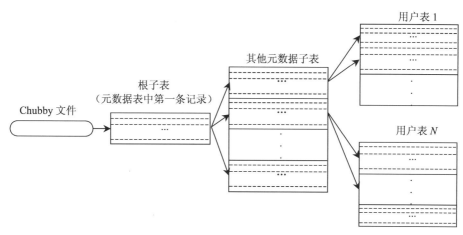

图4-20　子表地址结构

为了减少访问开销，提高客户访问效率，BigTable 使用了缓存（Cache）和预取（Prefetch）技术，这两种技术手段在体系结构设计中是很常用的。子表的地址信息被缓存在客户端，客户在寻址时直接根据缓存信息进行查找。一旦出现缓存为空或缓存信息过时的情况，客户端就需要按照图 4-20 所示方式进行网络的来回通信（Network

Round-trips）进行寻址，在缓存为空的情况下需要三个网络来回通信。如果缓存的信息是过时的，则需要六个网络来回通信，其中三个用来确定信息是过时的，另外三个获取新的地址。预取则是在每次访问元数据表时不仅仅读取所需的子表元数据，而且读取多个子表的元数据，这样下次需要时就不用再次访问元数据表。

3. 子表数据存储及读写操作

在数据的存储方面，BigTable 做出了一个非常重要的选择，那就是将数据存储划分成两块。较新的数据存储在内存中一个称为内存表（Memtable）的有序缓冲里，较早的数据则以 SSTable 格式保存在 GFS 中。这种技术在数据库中不是很常用，但谷歌还是做出了这种选择，实际运行的效果也证明谷歌的选择虽然大胆却是正确的。

从图 4-21 中可以看出，读和写操作有很大的差异性。做写操作（Write Op）时，首先查询 Chubby 中保存的访问控制列表确定用户具有相应的写权限，通过认证之后写入的数据首先被保存在提交日志（Commit Log）中。提交日志中以重做记录（Redo Record）的形式保存着最近的一系列数据更改，这些重做记录在子表进行恢复时可以向系统提供已完成的更改信息。数据成功提交之后就被写入内存表中。在做读操作（Read Op）时，首先还是要通过认证，之后读操作就要结合内存表和 SSTable 文件来进行，因为内存表和 SSTable 中都保存了数据。

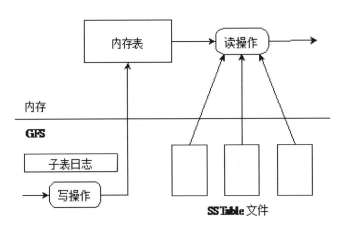

图4-21　BigTable数据存储及读写操作

在数据存储中还有一个重要问题，就是数据压缩的问题。内存表的空间毕竟是很有限的，当其容量达到一个阈值时，旧的内存表就会被停止使用并压缩成 SSTable 格式的文件。在 BigTable 中有三种形式的数据压缩，分别是次压缩（Minor Compaction）、合并压缩（Merging Compaction）和主压缩（Major Compaction）。三者之间的关系如图 4-22 所示。

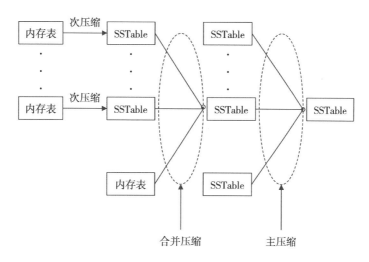

图4-22　三种形式压缩之间的关系

每一次旧的内存表停止使用时都会进行一个次压缩操作,这会产生一个SSTable。但如果系统中只有这种压缩的话,SSTable 的数量就会无限制地增加下去。由于读操作要使用 SSTable,数量过多的 SSTable 显然会影响读的速度。而在 BigTable 中,读操作实际上比写操作更重要,因此 BigTable 会定期地执行一次合并压缩的操作,将一些已有的 SSTable 和现有的内存表一并进行一次压缩。主压缩其实是合并压缩的一种,只不过它将所有的 SSTable 一次性压缩成一个大的 SSTable 文件。主压缩也是定期执行的,执行一次主压缩之后可以保证将所有的被压缩数据彻底删除,这样既回收了空间,又能保证敏感数据的安全性。

4.6.6　性能优化

上述各种操作已经可以实现 BigTable 的所有功能了,但是这些基本的功能很多时候并不是很符合用户的使用习惯,或者执行的效率较低。BigTable 自身已经对有些功能进行了优化,包括使用缓存、共享式的提交日志以及利用系统的不变性。除此之外,BigTable 还允许用户个人在基本操作基础上对系统进行一些优化,实际上,这些技术手段都是一些已有的数据库方法,只不过谷歌将它具体地应用于 BigTable 之中罢了。

1. 局部性群组

BigTable 允许用户将原本并不存储在一起的数据以列族为单位,根据需要组织在一个单独的 SSTable 中,以构成一个局部性群组(Locality groups)。这实际上就是数据库中垂直分区技术的一个应用。结合图 4-16 的实例来看,在被 BigTable 保存的网页列关键字中,有的用户可能只对网页内容感兴趣,那么他可以通过设置局部性群组只看内容这一列;有的则会对诸如网页语言、网站排名等可以用于分析的信息比较感兴趣,他也可以将这些列设置到一个群组中。局部性群组如图 4-23 所示。

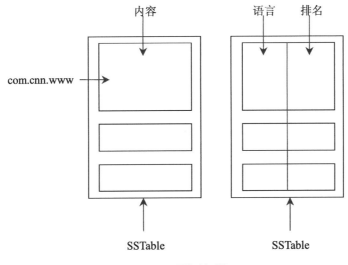

图4-23 局部性群组

通过设置局部性群组，用户可以只看自己感兴趣的内容，对某个用户来说的大量无用信息无需读取。对于一些较小的且会被经常读取的局部性群组，用户可以将其 SSTable 文件直接加载进内存，这可以明显地改善读取效率。

2. 压缩

压缩可以有效地节省空间，BigTable 中的压缩被应用于很多场合。首先压缩可以被用在构成局部性群组的 SSTable 中，可以选择是否对个人的局部性群组的 SSTable 进行压缩。BigTable 中这种压缩是对每个局部性群组独立进行的，虽然这样会浪费一些空间，但是在需要读时解压速度非常快。通常情况下，用户可以采用两步压缩的方式：第一步利用 Bentley & McIlroy 方式（BMDiff）在大的扫描窗口将常见的长串进行压缩；第二步采取 Zippy 技术进行快速压缩，它在一个 16kB 大小的扫描窗口内寻找重复数据，这个过程非常快。压缩技术还可以提高子表的恢复速度，当某个子表服务器停止使用后，需要将上面所有的子表移至另一个子表服务器来恢复服务。在转移之前要进行两次压缩，第一次压缩减少了提交日志中的未压缩状态，从而减少了恢复时间。在文件正式转移之前还要进行一次压缩，这次压缩主要是将第一次压缩后遗留的未压缩空间进行压缩。完成这两步之后压缩的文件就会被转移至另一个子表服务器。

3. 布隆过滤器

BigTable 向用户提供了一种称为布隆过滤器（Bloom Filter）的数学工具。布隆过滤器是巴顿·布隆在 1970 年提出的，实际上它是一个很长的二进制向量和一系列随机映射函数，在读操作中确定子表的位置时非常有用。布隆过滤器不但速度快、省空间，而且有一个最大的好处，即绝不会将一个存在的子表判定为不存在。不过，布隆过滤器也有一个缺点，那就是在某些情况下它会将不存在的子表判断为存在。不过这种情况出现的概率非常小，和它带来的巨大好处相比，这个缺点是可以忍受的。

目前，包括 Google Analytics、Google Earth、个性化搜索、Orkut 和 RRS 阅读器在内的几十个项目都使用了 BigTable。这些应用对 BigTable 的要求以及使用的集群机器数量都是各不相同的，但是从实际运行来看，BigTable 完全可以满足这些不同需求的应用，而这一切都得益于其优良的构架以及恰当的技术选择。与此同时，Google 还在不断地对 BigTable 进行一系列的改进，通过技术改良和新特性的加入提高系统运行效率及稳定性。

4.7 其他技术

4.7.1 Megastore

为了满足当今互联网上爆炸性的数据应用需求，NoSQL 是一种有较好可扩展性的数据存储方式。但是，从应用程序的构建方面来看，传统的关系型数据库又有着 NoSQL 所不具备的优势。为此，谷歌设计和构建了用于互联网中交互式服务的分布式存储系统 Megastore，该系统成功地将关系型数据库和 NoSQL 的特点和优势进行了融合，为数据存储的可扩展性、一致性和高可用性提供了强有力的保证。

4.7.2 Dapper

前面提到过，谷歌认为系统出现故障是一种常态，基于这种设计思想，谷歌的工程师结合谷歌的实际开发了 Dapper。这是目前所知的第一种公开其实现的大规模分布式系统监控基础架构。

Dapper 的设计目标主要有以下几个方面。

（1）低开销：监控系统的开销越小，对于原系统的影响就越小，所以监控系统一定要做到轻量级，这也是广泛可部署性的必然要求。

（2）对应用层透明：监控系统的少量的高效代码放在一些公共的库里，对于应用开发人员是不可见的。

（3）可扩展性：谷歌云计算业务的增长速度是惊人的，随着监控的服务和集群越来越多，监控系统必须满足未来几年业务发展的需要。

4.8 谷歌的云计算产品

4.8.1 SaaS 产品

在 SaaS 方面，谷歌的云计算产品主要可分为两大类：一类是主要面向个人用户的普通 SaaS 服务，另一类是面向公司和机构的企业级 SaaS 服务，又称为 Google Apps。

1. 个人SaaS服务

大多数谷歌服务，包括搜索引擎、Google Map、Google Earth、YouTube、Picasa、Gmail、谷歌日历和谷歌文档等都属于这一类（表4-3）。

表4-3 个人 SaaS 服务

类　别	产　品
搜索类	网页搜索、图片搜索、视频搜索和学术搜索等
地图产品	Google Map、Google Earth和Google Sky等
视频播放	YouTube
照片共享	Picasa
社交站点	Orkut
协作工具	Gmail、谷歌日历和谷歌文档等

2. 企业级SaaS服务

谷歌的企业级 SaaS 服务统称为 Google Apps，它可以有效降低企业的 IT 成本，提高企业的运行效率，目前已经有超过 200 万家企业购买了 Google Apps 服务，而且每天新注册的企业达数千家。Google Apps 主要包括以下六个部分。

（1）企业版 Gmail：每位用户都可获得容量达 25GB 的存储空间，并提供强大的垃圾邮件过滤，与黑莓和 Outlook 之间的交互，以及 99.9%的正常运行时间可靠性保证。

（2）谷歌日历：基于网络的日历应用程序使员工可以有效地协作，并帮助降低成本和 IT 负担，支持轻松简单的预约，共享项目日历，进行日历的同步，与电子邮件系统集成和通过移动设备进行访问等功能。

（3）谷歌文档：可在线编辑和创建 Word 文档、电子表格和演示文稿，并且支持多人之间的协作编辑和强大的安全访问机制。

（4）谷歌网上论坛：用户可创建群组，提供邮件列表，轻松共享内容和搜索存档。

（5）谷歌协作平台：它是一种快速创建网页的工具，比较适合 Intranet（内联网）和小型团队项目，只需单击几下鼠标即可创建网页，无须编写任何代码，而且支持企业级的安全控制。

（6）谷歌视频：可以安全地托管和流化企业的视频，因此员工可随意地分享视频，也无须因复杂的本地视频解决方案而加重企业 IT 部门的负担。

虽然 Google Apps 里面有许多服务也存在面向个人用户的普通 SaaS 版本，但是身为企业级服务的 Google Apps，在以下三方面有一定的增强：其一，在客户支持和可靠性方面，对于重大问题，谷歌提供全天候电话和电子邮件支持，并保证 99.9%正常运行时间的 SLA 和提供自助式在线支持等；其二，在安全性方面，为确保安全而提供 HTTPS 访问，同时强制执行 SSL 协议，并可定制垃圾邮件过滤机制和密码强度要求等；其三，在迁移和集成工具方面，Google Apps 提供用于电子邮箱迁移的工具和 API，并可与企业的 LDAP（Lightweight Directory Access Protocol，轻量目录访问协议）系统进行目录方面的同步，还支持电子邮件的路由和网关、单点登录 API，以及用户与群组配置 API 等。

2010 年 3 月，谷歌还发布了 Google Apps 专属的应用商店 Google Apps Market-place，这个商店中已经有上百种出色的应用供 Google Apps 用户选择。例如，用于在客户端的 Office 和谷歌文档之间进行同步的 OffiSync、出色的在线图片编辑器 Aviary 和提供在线文件存储的 Box.net 等。

4.8.2　PaaS

在 PaaS 方面，Google App Engine 提供了一个平台，使得用户可以在其上开发和调试网络应用程序，同时能在谷歌的基础设施上部署和运行这些网络应用程序。Google App Engine 提供了灵活的资费标准，真正实现了 PaaS 的弹性按需服务。目前，Google App Engine 支持 Java 和 Python 两种开发语言，并为这两种语言提供了基本相同的功能和 API。本书 4.9 节将对 Google App Engine 进行详细的介绍。

4.8.3　IaaS

在 IaaS 方面，由于谷歌本身的战略定位等原因，IaaS 并不是谷歌的主要战场，目前，谷歌只推出了云存储服务 Google Storage。

Google Storage 是一个构建在谷歌基础设施之上的云存储服务，开发者可以非常容易地使用其基于 REST 模式的 API，将他们的应用程序和 Google Storage 连接起来。这些数据将保存在若干服务器内，所以非常可靠。Google Storage 支持数据的强一致性，同时每个请求都可以调用数百 GB 的对象。开发者可以通过 Web 管理界面或者 Gsulti 这个开源的命令行工具来管理他们的存储内容，如新建存储库（Bucket）、新建文件夹、批量上传、批量删除和共享文件等。Google Storage 内置基于谷歌账户的验证与访问控制机制，但目前它只支持个人的谷歌账户，未来会加入对企业级 Google Apps 账户的支持。

4.8.4　云客户端

虽然谷歌目前主要的收入来源于搜索这样的基于 Web 的 SaaS 服务，但是近年来，谷歌投入了大量的人力和物力在云客户端方面，并推出了安卓（Android）、Chrome 和 Chrome OS 这三种产品。

1. 安卓

安卓是主要用于智能移动终端(包括手机和车载设备等)的操作系统和软件平台,并基于 Linux 内核。这个项目由前苹果工程师、现谷歌副总裁 Andy Rubin 创立。2005 年 7 月,谷歌收购了安卓这个项目,并对其进行重点培育。2007 年 11 月 5 日,谷歌正式对外发布了安卓,并成立了开放手机联盟（Open Handset Alliance）,其中 HTC、英特尔、Sprint-Nextel、T-Mobile、中国移动及 NVIDIA 等大企业都是这个联盟的成员。

在架构方面,安卓总体来说和传统 PC 架构比较类似,但也有创新的地方,共可分为以下四个层次。

（1）应用程序层:以 Java 为编程语言,安卓从接口到功能都有层出不穷的变化,其中 Activity 等同于 J2ME 的 MIDlet,一个 Activity 类负责创建 Window,一个活动中的 Activity 就是在前台（Foreground）模式,后台运行的程序叫作服务（Service）。两者之间通过 Service Connection 机制进行通信,从而实现多个程序同时运行的效果。如果运行中的 Activity 的全部画面都被其他 Activity 所取代,该 Activity 便被停止,甚至系统会清除其所占用的资源。

（2）中间件:它是操作系统与应用程序之间沟通的桥梁,分为两部分,即函数库（Library）和虚拟机（Virtual Machine）。在函数库方面,有作为改良 libc 的 Bionic、名为 Open Core 的基础多媒体框架、名为 skia 的内核图形引擎(它支持 Open GL/ES 规范)和 SQLite 数据库系统等。在虚拟机方面,采用了定制的 Dalvik 虚拟机。Dalvik 虚拟机是一种"寄存器型（Register Based）"Java 虚拟机,变量皆存放于寄存器中,这使得虚拟机的指令得到了一定程度的消减,对手机这种移动设备非常有帮助。Dalvik 虚拟机可以有多个实例同时运行,每个安卓应用程序都用一个其专属的 Dalvik 虚拟机来运行,让系统在运行程序时达到优化。Dalvik 虚拟机不是运行 Java 二进制代码,而是运行一种称为.dex 格式的文件。

（3）硬件抽象层:安卓的硬件抽象层的作用是将安卓本身的框架与 Linux 的内核隔开,从而降低对 Linux 内核的依赖,以实现内核独立。安卓硬件抽象层目前以存根（stub）的形式存在,本身是".so"库,是一种类似代理的概念。安卓在运行时会向硬件抽象层取得存根的动作,再以回调的方式执行这个动作。

（4）操作系统:安卓是运行于 Linux 内核之上的,但并不是传统的 GNU/Linux。一般在 GNU/Linux 里支持的功能,安卓大都不支持。例如,Cairo、X11、Alsa、FFmpeg、GTK、Pango 及 Glibc 等都被移除掉了,因为安卓为了达到商业应用的目的,必须移除被严格的 GNU GPL 所约束的部分。目前,安卓的 Linux 内核中包括安全、存储器管理、进程管理、网络栈和驱动程序的模型等模块。

在终端方面,由于其开放性和免费性,受到了除诺基亚和苹果之外,其他几乎所有手机厂商的认可，而且在市场占有率方面逐步攀升，并在 2010 年 8 月首次超过 iPhone。

2. Chrome

Chrome 是一个由谷歌公司开发的网页浏览器，Chrome 是化学元素"铬"的英文名称。Google Chrome 采用 BSD 许可证授权并开放源代码，开源计划名为 Chromium。截至 2010 年 6 月，Chrome 浏览器的市场占有率高达 7.24%，排名第三，仅次于微软的 IE 和 Mozilla 的 Firefox。其代码基于其他开源软件所撰写，包括 WebKit 和 Mozilla，并开发出代号为"V8"的高效能的 JavaScript 处理引擎。Google Chrome 的整体发展目标是在稳定性、速度和安全性三方面不断提升，并创造出简单且高效的用户界面。

和其他主流浏览器，尤其是 IE 浏览器相比，Chrome 在以下四个方面有一定的优势。

（1）安全性：在这方面主要有两个机制。其一是黑名单（Blacklists）：Chrome 会定期更新用于防止网络钓鱼和恶意软件侵入的黑名单，并在用户试图浏览有潜在危险的网站时予以警告。其二是沙盒（Sandbox）：Chrome 中的每一个标签页都是一个沙盒，以防止恶意软件破坏用户系统。由于遵守最小权限原则，所以 Chrome 中每个动作的权限都会被限制，一般仅能运算而无法写入文件或者读取存储在敏感区域内的文件。

（2）稳定性：支持多进程机制，能允许多个程序同时运行而互不影响，每个网页标签独立于窗口程序存在。当资源过高或崩溃时，不会因为一个停顿而导致整个程序崩溃。

（3）速度：利用其内置的 JavaScript 处理引擎 V8 来加快运行 JavaScript 的速度。V8 的机制是把 JavaScript 代码转换成机器码，利用 CPU 直接运算，减少了解释 JavaScript 的时间，并使用简易小巧、能有效利用内存的 Web Kit HTML 排版引擎。

（4）对 HTML5 的支持：Chrome 已经对 HTML5 规范有了很好的支持，如在高清视频领域，它不仅支持商业的 H.264 格式，而且还支持开源的 VP8 格式。

3. Chrome OS

Chrome OS 是一个开源、轻量级的操作系统，主要面向移动设备，但与 Android 主打手机不同的是，Chrome OS 主要关注上网本（Netbook）和平板电脑（Pad），运行 Chrome OS 系统的上网本 CR-48 已经作为样品在 2010 年年底提供给试用者进行测试。这个项目本身也是 Chrome 的一个延伸。

和安卓一样，Chrome OS 也是基于 Linux 内核的，并能够在 X86 和 ARM 两个架构下的芯片上运行。在内核之上就只有一个 Chrome 浏览器，但通过这个 Chrome 能访问所有基于 Web 的应用和服务，并支持多种插件。

在设计上，Chrome OS 非常关注速度、简便和安全性。首先是速度，Chrome OS 在启动后能让用户在几秒钟后就能访问互联网；其次是简便，用户界面就是大家常用的 Chrome，而且能直接访问任意基于 Web 的应用和服务，无需安装任何软件；最后，在安全性方面，和 Chrome 一样，谷歌重新设计了 Chrome OS 的底层安全架构，使用户不必担心病毒和恶意软件，并保障它一直能正常运行。

总体而言，由于 Chrome OS 基本上以依赖云服务为主，而不是本地的原生应用，所以 Chrome OS 可以被认为是第一个云操作系统。

4.9 Google App Engine

Google App Engine 是一个开发、托管网络应用程序的平台，使用谷歌管理的数据中心，是谷歌云计算的 PaaS 服务。Google App Engine 的首个 Beta 版本于 2008 年 4 月发布。Google App Engine 是一个由 Python 应用服务器群、BigTable 数据库及 GFS 数据存储服务组成的平台，它能为开发者提供一体化、可自动升级的在线应用服务。

4.9.1 Google App Engine 简介

Google App Engine 是谷歌在 2008 年 4 月推出的一项 PaaS 服务，是现在市面上最成熟、功能最全面的云计算 PaaS 平台。

Google App Engine 提供一整套开发组件来让用户轻松地在本地构建和调试网络应用，之后能让用户在谷歌强大的基础设施上部署和运行网络应用程序，并自动根据应用所承受的负载来对应用进行扩展，并免去用户对应用和服务器等的维护工作。同时提供大量的免费额度和灵活的资费标准。在开发语言方面，现支持 Java 和 Python 这两种语言，并为这两种语言提供基本相同的功能和 API。

1. 功能

Google App Engine 主要提供了以下六方面的功能。

（1）动态网络服务，并提供对常用网络技术的支持，如 SSL 等 。

（2）持久存储空间，并支持简单的查询和本地事务。

（3）能对应用进行自动扩展和负载平衡。

（4）一套功能完整的本地开发环境，可以让用户在本机上对 App Engine 进行开发和调试。

（5）支持包括 Email 和用户认证等多种服务。

（6）提供能在指定时间和定期触发事件的计划任务和能实现后台处理的任务队列。

2. 使用流程

Google App Engine 的使用较为方便，整个使用流程主要包括以下五个步骤。

（1）下载 SDK 和 IDE，并在本地搭建开发环境。

（2）在本地对应用进行开发和调试。

（3）使用 GAE 自带上传工具来将应用部署到平台上。

（4）在管理界面中启动这个应用。

（5）利用管理界面来监控整个应用的运行状态和资费。

3. 组成部分

整个 Google App Engine 主要可分为五个模块。

（1）应用服务器：主要用于接收来自于外部的 Web 请求。

（2）Datastore：主要用于对信息进行持久化，并基于前面提到过的 BigTable 技术。

（3）服务：除了必备的应用服务器和 Datastore 之外，Google App Engine 还自带很多服务来帮助开发者，如 Memcache、邮件、网页抓取、任务队列、XMPP 等。

（4）管理界面：主要用于管理应用并监控应用的运行状态，如消耗了多少资源、发送了多少邮件和应用运行的日志等。

（5）本地开发环境：主要是帮助用户在本地开发和调试基于 Google App Engine 的应用，包括用于安全调试的沙盒、SDK 和 IDE 插件等工具。

下面对这五个部分分别进行详细的介绍。

1）应用服务器

应用服务器根据其支持语言的不同而有不同的实现。

（1）Python 版的实现。Python 版应用服务器的基础就是普通的 Python 2.5.2 版的 Runtime，并考虑在未来版本中添加对 Python 3 的支持，但是因为 Python 3 对 Python 而言，就好比 Java2 之于 Java1，跨度非常大，所以引入 Python3 的难度很大。在 Web 技术方面，支持诸如 Django、CherryPy、Pylons 和 Web2py 等 Python Web 框架，并自带名为 "WSGI" 的 CGI 框架。虽然 Python 版应用服务器是基于标准的 Python Runtime，但是为了安全并更好地适应 App Engine 的整体架构，对运行在应用服务器内的代码设置了很多方面的限制，如不能加载用 C 编写的 Python 模块和无法创建 Socket 等。

（2）Java 的实现。在实现方面，Java 版应用服务器和 Python 版基本一致，也是基于标准的 Java Web 容器，而且选用了轻量级的 Jetty 技术，并运行在 Java 6 上。通过这个 Web 容器不仅能运行常见的 Java Web 技术，包括 Servlet、JSP、JSTL 和 GWT 等，而且还能运行大多数常用的 Java API（Google App Engine 有一个 The JRE Class White List 来定义哪些 Java API 能在 Google App Engine 的环境中被使用）和一些基于 JVM 的脚本语言，如 JavaScript、Ruby 或 Scala 等，但同样无法创建 Socket 和 Thread，或者对文件进行读写，也不支持一些比较高阶的 API 和框架，包括 JDBC、JSF、Struts 2、RMI、JAX-RPC 和 Hibernate 等。

2）Datastore

Datastore 提供了一整套强大的分布式数据存储和查询服务，并能通过水平扩展来支撑海量的数据。但是，Datastore 并不是传统的关系型数据库，它主要以"Entity"的形式存储数据，一个 Entity 包括一个 Kind（在概念上和数据库的 Table 比较类似）和一系列属性。

Datastore 提供强一致性和乐观（Optimistic）同步控制，而在事务方面，则支持本地事务，也就是只能在同一个实体组（Entity Group）内执行事务。

在接口方面，Python 版提供了非常丰富的接口，而且还包括名为 GQL 的查询语言，而 Java 版则提供了标准的 JDO 和 JPA 这两套 API。

另外，谷歌已经在 2010 年的 Google I/O 大会上宣布将在未来的 App Engine for Business 套件中包含标准的 SQL 数据库服务，但现在还不确定这个 SQL 数据库的实现方式是基于开源的 MySQL 技术，还是基于其私有的实现技术。

3）服务

（1）Memcache。Memcache 是大中型网站所备的服务，主要用来在内存中存储常用的数据，而 Google App Engine 也包含这个服务。有趣的是，Google App Engine 的 Memcache 也是由 Brad Fitzpatrick 开发的。

（2）URL 抓取（Fetch）。Google App Engine 的应用可以通过 URL 抓取这个服务抓取网上的资源，并可以这个服务与其他主机进行通信，这样避免了应用在 Python 和 Java 环境中无法使用 Socket 的尴尬。

（3）Email。Google App Engine 利用 Gmail 的基础设施来发送电子邮件。

（4）计划任务（Cron）。计划服务允许应用在指定时间或按指定间隔执行其设定的任务，这些任务通常称为 Cron job。

（5）图像。Google App Engine 提供了使用专用图像服务来操作图像数据的功能。图像服务可以调整图像大小，旋转、翻转和裁剪图像。它还能够使用预先定义的算法提升图片的质量。

（6）用户认证。Google App Engine 的应用可以依赖谷歌帐户系统来验证用户。Google App Engine 还将支持 Oauth。

（7）XMPP。在 Google App Engine 上运行的程序能利用 XMPP 服务和其他兼容 XMPP 的 IM 服务（如 Google Talk）进行通信。

（8）任务队列（Task Queue）。Google App Engine 应用能通过在一个队列插入任务（以 Web Hook 的形式）来实现后台处理，而且 Google App Engine 会根据调度方面的设置来安排这个队列里面的任务执行。

（9）Blobstore。因为 Datastore 最多支持存储 1MB 大小的数据对象，所以 Google App

Engine 推出了 Blobstore 服务来存储和调用那些大于 1MB 但小于 2G 的二进制数据对象。

（10）Mapper。Mapper 可以认为就是"MapReduce"中的 Map，也就是能通过 Mapper API 对大规模的数据进行平行的处理，这些数据可以存储在 Datastore 或者 Blobstore。

（11）Channel。其实 Channel 就是我们常说的"Comet"，通过 Channel API 能让应用将内容直接推至用户的浏览器，而不需常见的轮询。

除了 Java 版的 Memcache、Email 和 URL 抓取都是采用标准的 API 之外，其他服务无论是 Java 版还是 Python 版，其 API 都是私有的，但是都提供了丰富和细致的文档来帮助用户使用。

4）管理界面

用了让用户更好地管理应用，Google App Engine 提供了一整套完善的管理界面，地址是 http://appengine.google.com/，而且只需用户的 Google 帐户就能登录和使用。使用这个管理界面可执行许多操作，包括创建新的应用程序，为这个应用设置域名，查看与访问数据和错误相关的日志，观察主要资源的使用状况。

5）本地开发环境

为了安全起见，本地开发环境采用了沙箱模式，基本上和上面提到的应用服务器的限制差不多，如无法创建 Socket 和 Thread，也无法对文件进行读写。Python 版 Google App Engine SDK 以普通的应用程序的形式发布，本地需要安装相应的 Python Runtime，通过命令行方式启动 Python 版的 Sandbox，同时也可以在安装 PyDev 插件的 Eclipse 上启动。Java 版 App Engine SDK 是以 Eclispe Plugin 形式发布的，只要用户在他的 Eclipse 上安装这个 Plugin，用户就能启动本地 Java 沙箱来开发和调试应用。

4. 编程模型

Google App Engine 主要为了支撑 Web 应用而存在，所以 Web 编程模型对于 Google App Engine 也是最关键的。Google App Engine 主要使用的 Web 模型是 CGI，CGI 全称为"Common Gateway Interface"，就是收到一个请求，起一个进程或者线程来处理这个请求，当处理结束后这个进程或者线程自动关闭，之后不断地重复这个流程。由于 CGI 这种方式每次处理的时候都要重新起一个进程或者线程，可以说在资源消耗方面还是很厉害的，虽然有线程池（Thread Pool）这样的优化技术。但是 CGI 在架构上的简单性使其成为 GAE 首选的编程模型，同时由于 CGI 支持无状态模式，所以也在伸缩性方面非常有优势。而且 App Engine 的两个语言版本都自带一个 CGI 框架：在 Python 平台为 WSGI；在 Java 平台则为经典的 Servlet。最近，Google App Engine 引入了计划任务和任务队列这两个特性，所以 Google App Engine 已经支持计划任务和后台进程这两种编程模型。

5. 限制和资费

Google App Engine 的使用限制见（表4-4）。

表 4-4　Google App Engine 的使用限制

类别	限制
每个开发者所拥有的项目	10个
每个项目的文件数	1000个
每个项目代码的大小	150MB
每个请求最多执行时间	30秒
Blobstore（二进制存储）的大小	1GB
HTTP Response的大小	10MB
Datastore中每个对象的大小	1MB

虽然这些限制对开发者是一种障碍，但对 Google App Engine 这样的多租户环境而言却是非常重要的，因为如果一个租户的应用消耗过多资源的话，将会影响到在临近应用的正常使用，而 Google App Engine 上面这些限制就是为了使运行在其平台上面的应用能安全地运行，避免了一个吞噬资源或恶性的应用影响到临近应用的情况。除了安全方面的考虑之后，还有伸缩的原因，也就是说，当一个应用的所占空间(Footprint)处于比较低的状态，如少于 1000 个文件和大小低于 150MB 等，那么能够非常方便地通过复制应用来实现伸缩。

Google App Engine 的资费情况主要有两个特点：一是免费额度高，现有免费的额度能支撑一个中型网站的运行；二是资费项目非常细粒度，普通 IaaS 服务资费主要包括 CPU、内存、硬盘和网络带宽这四项，而 Google App Engine 除了常见的 CPU 和网络带宽这两项之外，还包括很多应用级别的项目，如 Datastore API 和邮件 API 的调用次数等。

具体资费的机制是这样的：如果用户的应用每天消费的各种资源都低于这个额度，那么用户无需支付任何费用，但是当免费额度被超过的时候，用户就需要为超过的部分付费。因为 Google App Engine 整套资费标准比较复杂，表 4-5 所示主要为它的免费额度。

表 4-5　Google App Engine 的免费额度

类型	数量（每天）
邮件API调用	7000次
输出（Outbound）带宽	10G
输入（Inbound）带宽	10G
CPU时间	46小时
HTTP请求	130万次
Datastore API	1000万次
存储的数据	1G
URL抓取的API	657千次

4.9.2 Google App Engine 的架构

1. 设计理念

一个产品的架构离不开它的设计理念，Google App Engine 的设计理念主要可以总结为以下五个方面。

（1）重用现有的谷歌技术：重用是软件工程的核心理念之一，因为通过重用不仅能降低开发成本，而且能简化架构。前面提到过，推崇重用也是 Google 整个云计算技术的设计思想之一。在 Google App Engine 开发的过程中，重用的思想也得到了非常好的体现。例如，Datastore 是基于谷歌的 BigTable 技术，Images 服务是基于 Picasa 的，用户认证服务是利用 Google Account 的，Email 服务是基于 Gmail 的等。

（2）无状态：为了更好地支持扩展，谷歌没有在应用服务器层存储任何重要的状态，而主要在 Datastore 这层对数据进行持久化，这样当应用流量突然爆发时，可以通过为应用添加新的服务器来实现扩展。

（3）硬性限制：Google App Engine 对运行在其之上的应用代码设置了很多硬性限制，如无法创建 Socket 和 Thread 等有限的系统资源，这样能保证不让一些恶性的应用影响到临近应用的正常运行，同时也能保证在应用之间做到一定的隔离。

（4）利用 Protocol Buffers 技术解决服务方面的异构性：应用服务器和很多服务相连，有可能会出现异构性的问题，如应用服务器是用 Java 写的，而部分服务是用 C++写的等。谷歌在这方面的解决方法是基于语言中立、平台中立和可扩展的 Protocol Buffer，并且在 Google App Engine 平台上，所有 API 的调用都需要在进行 RPC（Remote Procedure Call，远程方面调用）之前被编译成 Protocol Buffer 的二进制格式。

（5）分布式数据库：App Engine 将支撑海量的网络应用，所以独立数据库的设计肯定是不可取的，而且很有可能将面对起伏不定的流量，因此需要一个分布式的数据库来支撑海量的数据和海量的查询。

图 4-24 所示是 Google App Engine 的架构，很显然，其架构可以分为三个部分：前端、Datastore 和服务群。

2. 架构

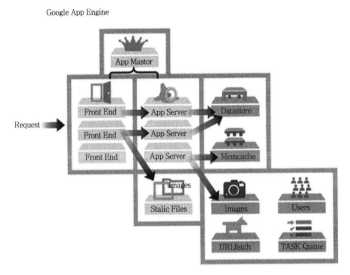

图4-24　Google App Engine的架构

1）前端

前端部分主要用于处理 Web 相关的请求，主要包括四个模块。

（1）前端（Front End）：既可以认为它是负载均衡器（Load Balancer），也可以认为它是代理（Proxy），它主要负责负载均衡和将请求转发给应用服务器（App Server）或者静态文件（Static Files）服务器等工作。

（2）静态文件（Static Files）：在概念上，比较类似于内容分发网络（Content Delivery Network, CDN），用于存储和传送那些应用附带的静态文件，如图片、CSS 和 JS 脚本等。

（3）应用服务器（App Server）：用于处理用户发来的请求，并根据请求的内容来调用后面的 Datastore 和服务群。

（4）管理节点（App Master）：是在应用服务器间调度应用，并将调度之后的情况通知前端。

2）Datastore

Datastore 是基于 BigTable 技术的分布式数据库，虽然其也可以被理解成为一个服务，但是它是整个 Google App Engine 唯一存储持久化数据的地方，所以它是 Google App

Engine 中一个非常核心的模块。

3）服务群

整个服务群包括很多服务供 App Server 调用，如 Memcache、图形、用户、URL 抓取和任务队列等。

3. 流程

为了进一步理解 Google App Engine 架构，在这里举一个普通的 HTTP 请求处理流程的例子。

（1）用户发送一个 HTTP 请求。

（2）Front End 接受这个请求，并将这个请求转发给一个空闲的 App Server。

（3）App Server 处理这个请求。

（4）检查用于处理这个请求的 Handler 是不是已经被初始化了，如果没有的话，需要对这个 Handler 进行初始化。

（5）调用服务群的用户认证服务对用户进行认证，如果失败的话，需要终止整个请求的处理工作，并返回用户无法被认证的信息。

（6）查询这个请求所需的数据是否已经缓存在 Memcahe 中，如果没有的话，将对 Datastore 发出查询请求来得到数据。

（7）通过整合上步得到的数据来生成相关的 HTML，并返回给用户。

（8）HTML 里包含对一些静态文件的引用，如图片和 CSS 等，所以当用户收到 HTML 之后，还会通过 Front End 对 Static Files 里面存储的静态文件进行读取。

4.9.3 Google App Engine 的使用

介绍完 Google App Engine 的基本架构和技术之后，这里通过一个简单的例子来介绍如何在 Google App Engine 上创建一个简单的网络应用程序。

1. 问题描述

这个例子就是提交一个关于 blog 的表格，并将这个表格存储到 Google App Engine 的 Datastore 中。这里将主要关注 Python 版 Google App Engine。

2. 搭建环境

主要有以下三个步骤，其中第三步为可选。

（1）安装最新稳定版的 Python Runtime。下载地址为 http://www.python.org/ftp/python/2.7/，有三个注意点：其一，Linux 系统应该自带 Python；其二，在 Windows 上安装好 Python 之后，需要在系统 Path 上加入 Python 的目录；其三，如果 Google App Engine 上应用服务器版本为 2.6.5，所以不能在项目中加入 Python 2.6.5 版之后引入的特性。

（2）安装 App Engine 的 SDK。下载地址为 https://developers.google.com/appengine /downloads?hl=zh-CN，有两点需要注意：其一在 Windows 上安装好 Google App Engine 的 SDK 之后，也需要在系统 Path 上加入 SDK 的目录；其二是在 Linux 上，无需安装 Google App Engine 的 SDK，只需将其解压缩，并放置在合适的目录即可。

（3）安装 Eclipse 和 Pydev 插件。这一步对那些只是想尝试一下 Google App Engine 的读者而言，是可选的，但是由于 Eclipse 成熟的开发环境，再加上 Pydev 自带的代码加色、自动提示和强大的调试，并且 Pydev 更是在其 1.4.6 版上加入了完整的对 Google App Engine 的支持，所以对那些准备开发 Google App Engine 程序的读者而言，则是必须的。如果想了解更多的信息，请点击访问 http://blog.ericsk.org/archives/889。

虽然不熟悉 Python 并不会影响大家对本节内容的理解，但是如果想深入学习 Python，可以访问 http://www.chinesepython.org/pythonfoundry/limodoupydoc/dive/html/toc.html 来阅读《Dive Into Python》的中文版。另外，这里推荐使用 Linux 作为 Google App Engine 的开发平台，因为 Linux 自带很多的工具和完善的命令行。

3. 初始化项目

Google App Engine 的 SDK 自带一个名为"new_project_template"的项目模板，在项目模板里面共有三个文件。

（1）app.yaml：这个文件是整个项目的配置文件，比较类似 Java Web 项目中的 web.xml 文件。

（2）main.py：这个 Python 脚本是 Google App Engine 的"Hello World"文件，主要是演示如何处理最基本的 Web 请求。

（3）index.yaml：这个文件里面设定项目所创建的数据模型的索引。要注意的是，这个文件一般由 Google App Engine 系统自动维护，当 Google App Engine 调试或者部署应用的时候，其会分析应用所包含的数据模型，来确定需不需要给数据添加新的索引。

我们可以通过复制这个项目模板来初始化项目，接下来，将逐步编辑和创建各个文件，其中第一个被编辑的是 app.yaml。

4. 编辑app.yaml

前面提到过，app.yaml 是整个项目的核心配置文件，其后缀"yaml"表示这个文件是基于 yaml 语言，而 yaml 是可读性非常强的数据序列化语言，和 XML 相比，其可读性更好，而且支持丰富的数据类型。

代码 4-1 为 app.yaml 的源代码：

```
application: sample
version: 1
runtime: python
api_version: 1
handlers:
- url: /.*
   script: main.py
```

在 app.yaml 中主要可以配置下面这些参数。

（1）应用名：对应的位置是"application"，它是用来设置整个项目的名字，在本地调试时，项目名可以是任意的字符串，但当部署这个项目到 Google App Engine 平台时，须确保应用名和之前在 Google App Engine 管理界面上新建的应用名一致，所以这时应用名必须是全 Google App Engine 唯一的，不能与其他人创建的项目名字冲突。

（2）项目版本号：对应的位置是"version"，用来配置应用的版本号，可以通过它来对应用进行版本管理。由于本例是新创建的，所以其版本号是 1。

（3）运行时：对应的位置是"runtime"，用来设定项目的开发语言，现有的项目有 Python 和 Java 两种开发语言可供选择，由于本例是使用 Python 的，所以在此填入"python"。

（4）API 版本号：对应的位置是"api_version"，指的是使用的 Google App Engine API 的版本号，目前为 1。

（5）处理 Web 请求的类：对应的位置是"handlers"，这部分配置了 URL 和 Python 脚本之间对应的关系，即当 Google App Engine 收到一个 Web 请求时，它会根据其 URL 来调用相应的脚本，在上面这个例子中，当 URL 为"/.*"的情况下，会调用 main.py 来处理。

5. 创建HTML文件

代码 4-2 为 index.html 的源代码：

```html
<html>
<head>
        <meta content="text/html; charset=utf-8" http-equiv="Content-Type"/>
        <title>App Engine Demo</title>
</head>
<body>
     <form method="POST" action="/">
                文章名: <input type="text" name="title" size=30 /><br>
                关键字: <input type="text" name="tags" size=30 /><br>
                内容:     <textarea name="content" cols="30" rows="5">
 </textarea><br>
                <br>
                <input type="submit" name="submit" value="提交">
        </form>
</body>
</html>
```

这是例子对应的 HTML 页面，其主要由两个文本框和一个 TextArea 组成，来让用户输入 Blog 的文章名、关键字和内容，当用户输入完这三个数据之后，通过点击"提交"按钮，来将刚输入的数据 Post 给后台的服务器端，并由与 URL"/"对应的 Python 脚本进行处理，也就是上面的"main.py"。

6. 编写数据库代码

在介绍例子的数据库代码之前，先介绍一下 Google App Engine 的实体模型和数据类型。

（1）实体模型：Google App Engine 主要数据模型被称为"实体模型"，一个实体由一个主键和一组属性组成，实体的模型通过继承 Model 类来实现，而且每个属性可在多个数据类型中进行选择。

（2）数据类型：主要的基本数据类型有字符串（String）、基于字节的字符串（ByteString）、布尔（Boolean）、整数（Integer）、浮点（Float）、日期时间（DateTime）、列表（List）、字符串列表（StringList）、文本（Text）、二进制块（Blob）和用于表示实体之间关系的参考类型（Reference）。除了基本的数据类型之外，用户还可以通过继承Expando 类来自定义一个新的数据类型。

（3）Blog 表的结构：Blog 表共有三个字段，分别是字符串类型的"title"属性、字符串列表类型的"tags"属性和文本类型的"content"属性，表 4-6 是关于例子中所用的 Blog 表的结构。

表 4-6　Blog 表的结构

属性名	类型
title	String（字符串）
tags	StringList（字符串列表）
content	Text（文本）

代码 4-3 是创建 Blog 表的 blogdb.py 脚本的代码。这个脚本主要由两部分构成：其一是通过继承 db.Model 这个类来创建 Blog 这个实体模型，并声明 title、tags 和 content 这三个属性；其二是定义一个名为"save"的方法，在这个方法内，首先是创建一个新的 Blog 实体，之后将输入的_title、_tags 和_content 这三个参数插入到这个新创建的 Blog 实体中，并使用这个实体的 put 方法来在数据库中保存这个实体，其他类可以通过调用 Blog 类中的这个 save 方法来存储和 Blog 相关的数据。

代码 4-3 为 blogdb.py 脚本的代码：

```
from google.appengine.ext import db
class blog(db.Model):
    title = db.StringProperty( )
    tags = db.StringListProperty( )
    content = db.TextProperty( )
    def save(self, _title, _tags, _content):
        blog = blog( )
        blog.title = _title
        blog.content = _content
        if _tags:
            blog.tags = _tags.split(" ")
        else:
            blog.tags = [ ]
        blog.put( )
```

7. 添加Web处理方法

在这个例子中，需要添加用于处理两个 Web 请求的代码：一是用于显示 index.html 的代码，也就是用于处理访问 URL "/" 的 GET 请求；二是保存用户在 index.html 上输入的 Blog 数据，也就是用于处理访问 URL "/" 的 POST 请求，代码 4-4 是添加上面两个逻辑之后 main.py 的代码。

代码 4-4 为添加处理 Web 请求之后的 main.py 源代码：

```
from google.appengine.ext import webapp
from google.appengine.ext.webapp.util import run_wsgi_app
from google.appengine.ext.webapp import template
import os
import cgi
from blogdb import blog
from google.appengine.ext import db
class Main(webapp.RequestHandler):
    def get(self):
        path = os.path.join(os.path.dirname(__file__), 'index.html')
        self.response.out.write(template.render(path, []))
    def post(self):
        _title = cgi.escape(self.request.get(' title'))
        _tags = cgi.escape(self.request.get(' tags'))
        _content = cgi.escape(self.request.get(' content'))
        blog = blog()
        blog.save(_title, _tags, _content)
        self.response.out.write('Save Successfully')
application = webapp.WSGIApplication([('/', Main)], debug=True)
def main():
    run_wsgi_app(application)
if __name__ == "__main__":
    main()
```

从上到下，main.py 的代码可以分为三个部分。

（1）Get 方法：这个方法主要通过 Python Os 模块的方法来读取 index.html，并将读取好的 index.html 这个文件的数据通过 HTTP Response 流发送给浏览器端，这样会在客户的浏览器上显示 index.html。

（2）Post 方法：这个方法会从输入的 HTTP Request 流中获取"title"、"tags"和"content"的输入数据，并调用 Blog 这个实体模型的 Save 方法来保存，之后，将返回"Save Successfully"的消息给客户端。

（3）注册 Main 类：在代码中通过初始化 webapp.WSGIApplication 这个类，来将 Main 这个类和 URL "/"对应。例如，客户端发送 Get 请求给 URL "/"，系统会调用 Main 类的 Get 的方法来处理这个请求，需要注意的是，在这里设定 URL 和类的对应关系是在 app.yaml 中的设定之后的进一步设置。

到这里，开发这个例子的代码部分已经完成，下面将介绍如何测试和部署该项目。

8. 测试和部署

在测试和部署方面，主要有下面三步。

1）本地测试

通过调用 Google App Engine SDK 中 dev_appserver.py 脚本来启动本地的开发环境，具体命令格式为"dev_appserver.py sample"，在这里"sample"指代的是项目的名字，如果有 Pydev 这个插件，可以在 Eclipse 上启动本地开发环境的调试模式。在环境启动成功之后，可通过 http://localhost:8080 这个 URL 来测试这个项目的基本功能。

2）创建应用

在 Google App Engine 的管理界面（https://appengine.google.com/）里面的"My Applications"（图 4-25）上点击"Create An Application"这个按钮，进入"Create an Application"的界面。

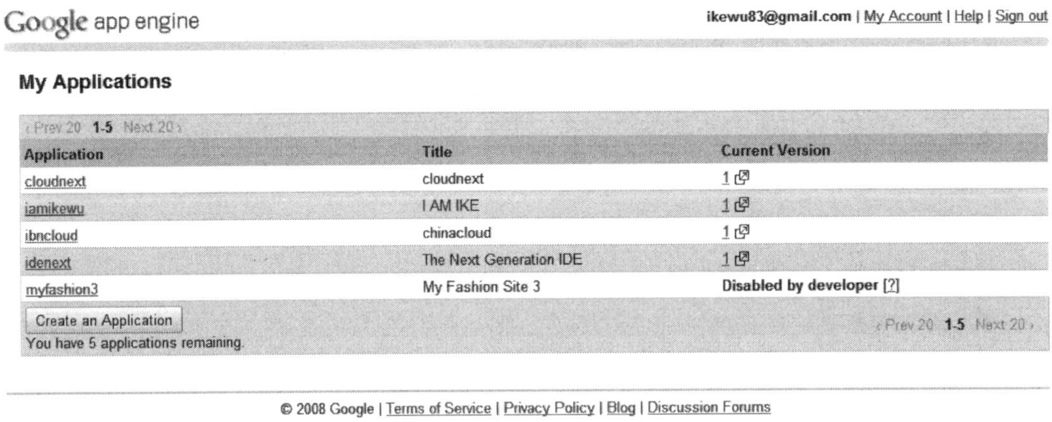

图4-25　My Applications界面

然后，在"Create an Application"（图 4-26）这个界面中，在"Applcation Identifier"这个文本框中输入应用的名字或者 ID（必须是全 Google App Engine 唯一的），在

"Application Title"的文本框中输入应用的全称，最后点击"Create Applcation"这个按钮，在 Google App Engine 上创建这个应用。

3）发布应用

使用 Google App Engine SDK 中 appcfg.py 这个脚本将应用部署到 Google App Enginee 平台上，具体命令格式为"appcfg.py update sample/"，在这里，"sample/"代表项目所在的目录，部署之后，就可以通过 Google App Engine 的管理界面来访问和管理该应用了。

Google App Engine 是谷歌云计算战略中不可分割的一部分， 谷歌希望能通过 Google App Engine 来降低 Web 应用开发的难度，只要难度降低了，那么 Web 应用替代客户端应用的整体速度将会明显加快，这样，将会对谷歌未来的发展十分有利。

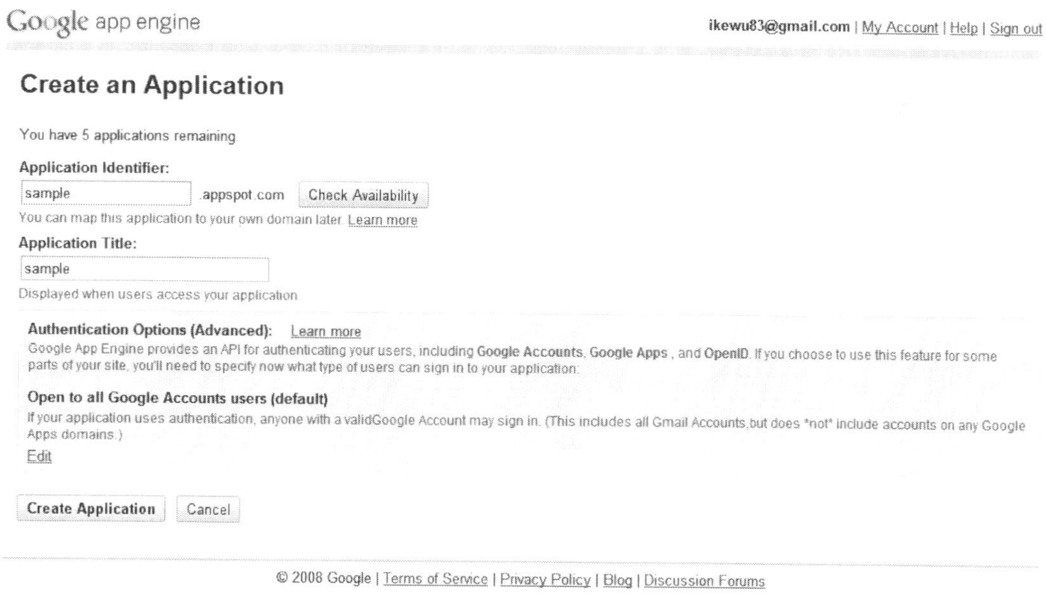

图4-26　Create an Application界面

4.10　本章小结

本章详细地解析了谷歌云计算技术的体系和原理,介绍了谷歌在云计算领域的各类产品,并着重介绍了谷歌的 PaaS 平台 Google App Engine。在谷歌的云计算技术方面,本章首先介绍了谷歌云计算的设计思想和整体架构,然后介绍了 GFS、MapReduce、Chubby 和 BigTable 等关键技术。在产品方面,本章首先系统地介绍了 Google 云计算在 IaaS、PaaS、SaaS 和云客户端方面的各类产品,最后详细地介绍了 Google App Engine 的架构、原理和使用方法，并通过一个例子向读者展示了使用 Google App Engine 开发一个网络应用的具体流程。

4.11 习题

1. 谷歌的云计算技术主要包括哪几个方面的关键技术？
2. GFS采用了哪些措施来确保整个系统的可靠性？
3. 读文献，简述Megastore和Dapper的关键技术。
4. Google App Engine的沙盒对开发人员进行了哪些限制？
5. 参照4.9.3节的介绍，访问Google App Engine的网站，在Google App Engine上尝试开发和部署自己的Web应用。

第5章 开源云计算方案Hadoop

Hadoop 是 Apache 开源组织的一个分布式计算开源框架,可以在大量廉价的硬件设备组成的集群上运行应用程序,并为应用程序提供一组稳定可靠的接口,旨在构建一个具有高可靠性和良好扩展性的分布式系统。随着云计算的逐渐流行,Hadoop 项目被越来越多的个人和企业运用。很多大型网站的云计算技术都是基于 Hadoop 方案的,如亚马逊、脸书和雅虎等。Hapdoop 的核心技术是分布式文件系统 HDFS、分布式数据处理模型 MapReduce 和分布式结构化数据表 HBase,它们可以看作谷歌云计算核心技术 GFS、MapReduce 和 BigTable 的开源实现。

5.1 Hadoop简介

5.1.1 Hadoop 的产生

Hadoop 源于开源项目 Lucene 和 Nutch,它们是一脉相承的关系。Lucene 是一个基于 Java 的高性能全文索引引擎工具包,可以方便地嵌入各种实际应用中,实现全文索引搜索功能。而 Nutch 是一个应用程序,是一个以 Lucene 为基础实现的搜索引擎应用。2003 年和 2004 年,谷歌先后发表两篇论文"The google file system"和"MapReduce: simplified data processing on large clusters"。在这两篇论文的驱动下,Hadoop 创始人 Doug Cutting 为改善 Nutch 的性能,实现了 DFS(分布式文件系统)和 MapReduce 机制,并将其成功应用于 Nutch。 在 Nutch 0.8.0 版本之前,Hadoop 还属于 Nutch 的一部分,而从 Nutch 0.8.0 开始,将其中实现的 DFS 和 MapReduce 独立出来成立一个新的开源项目——Hadoop,而 Nutch 0.8.0 版本较之以前的 Nutch 在架构上有了根本性的变化,那就是完全构建在 Hadoop 的基础之上了。

5.1.2 Hadoop 的组成

Hadoop 主要由以下几个子项目组成(图 5-1)。

(1)Hadoop Common: 就是原来的 Hadoop Core。这是整个 Hadoop 项目的核心,包括一组分布式文件系统和通用 I/O 的组件与接口。其他的 Hadoop 子项目都是在 Hadoop

Common 的基础上发展的。

（2）HBase：支持结构化数据存储的分布式数据库系统，是 BigTable 的开源实现。

（3）HDFS：提供高吞吐量的分布式文件系统，是 GFS 的开源实现。

（4）Avro：Hadoop 的 RPC（远程过程调用）方案。Avro 是一种支持高效、跨语言的 RPC 以及永久存储数据的序列化实现。

（5）Chukwa：一个用来管理大型分布式系统的数据采集系统。

（6）Hive：提供数据摘要和查询功能的数据仓库。

（7）MapReduce：大型数据的分布式处理模型，是 Google 的 MapReduce 的开源实现。

（8）Pig：是在 MapReduce 上构建的一种高级的数据流语言，它是 Sawzall 的开源实现。

（9）ZooKeeper：用于解决分布式系统中一致性问题，是 Chubby 的开源实现。

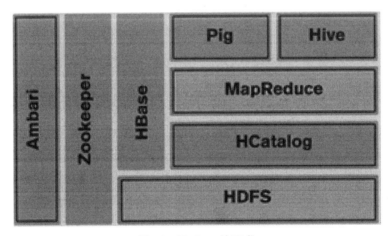

图5-1　Hadoop的组成

5.1.3 Hadoop 的架构

Hadoop 是一个能够对大量数据进行分布式处理的软件框架，主要包括分布式计算和分布式存储两方面的功能。在这两个方面，Hadoop 都采用了主/从（Master/Slave）架构（图 5-2）。

要在一个集群中运行 Hadoop，需要在集群中运行一系列的后台程序：NameNode、DataNode、Secondary NameNode、JobTracker、TaskTracker。其中，NameNode、DataNode、Secondary NameNode 用于分布式存储，JobTracker、TaskTracker 用于分布式计算（一个准备提交执行的应用程序称为作业（Job），而从一个作业划分出来的、运行于各计算节点的工作单元称为任务（Task））。另外，如图 5-2 所示，NameNode、Secondary NameNode、JobTracker 运行于 Master 节点上，每个 Slave 节点上都部署一个 DataNode 和

TaskTracker，以便于这个 Slave 服务器上运行的数据处理程序能尽可能直接处理本机的数据。

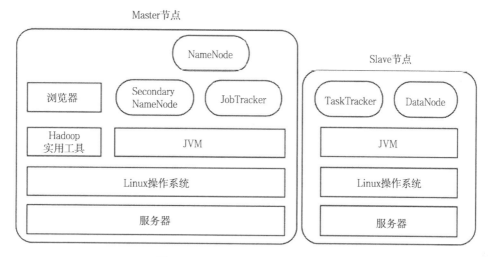

图5-2　Hadoop的Master/Slave架构

下面分别一下介绍这些后台程序。

（1）NameNode。NameNode 是 HDFS 的守护程序，负责记录文件是如何分割成数据块的，以及这些数据块分别被存储到哪些数据节点上。它的主要功能是对内存和 I/O 进行集中管理。一般来说，NameNode 所在的服务器不存储任何用户信息或执行计算任务，以避免这些程序降低服务器的性能。如果从服务器宕机，Hadoop 集群仍旧可以继续运转。但是，由于 NameNode 是 Hadoop 集群中的一个单点，如果 NameNode 服务器宕机，整个系统将无法运行。

（2）DataNode。集群中的每个从服务器都运行一个 DataNode 后台程序，这个后台程序负责把 HDFS 数据块读写到本地的文件系统。当需要通过客户端读/写某个数据时，先由 NameNode 告诉客户端去哪个 DataNode 进行具体的读/写操作，然后，客户端直接与这个 DataNode 服务器上的后台程序进行通信，并对相关的数据块进行读/写操作。

（3）Secondary NameNode。Secondary NameNode 是一个用来监控 HDFS 状态的辅助后台程序，就像 NameNode 一样，每个集群都有一个 Secondary NameNode，并且部署在一台单独的服务器上。Secondary NameNode 不同于 NameNode，它不接收或记录任何实时的数据变化，但是，它会与 NameNode 进行通信，以便定期地保存 HDFS 元数据的快照。由于 NameNode 是单点的，通过 SecondaryNameNode 的快照功能，可以将 NameNode 的宕机时间和数据损失降低到最小。同时，如果 NameNode 发生问题，Secondary NameNode 可以及时地作为备用 NameNode 使用。

（4）JobTracker。JobTracker 后台程序用来连接应用程序与 Hadoop。用户代码提交到集群以后，由 JobTracker 决定哪个文件将被处理，并且为不同的 Task 分配节点。同时，它还监控所有运行的 Task，一旦某个 Task 失败了，JobTracker 就会自动重新开启这个 Task，在大多数情况下，这个 Task 会被放在不同的节点上。每个 Hadoop 集群只有一个 JobTracker，一般运行在集群的 Master 上。

（5）TaskTracker。TaskTracker 与负责存储数据的 DataNode 相结合。其处理结构上也遵循主/从架构，JobTracker 位于主节点，统领 MapReduce 工作；而 TaskTrackers 位于从节点，独立管理各自的 Task。每个 TaskTracker 负责独立执行具体的 Task，而 JobTracker 负责分配 Task。虽然每个从节点仅有唯一的一个 TaskTracker，但是每个 TaskTracker 可以产生多个 Java 虚拟机（JVM），用于并行处理多个 Map 以及 Reduce 任务。TaskTracker 的一个重要职责就是与 JobTracker 交互，如果 JobTracker 无法准时获取 TaskTracker 提交的信息，JobTracker 就判定 TaskTracker 已经崩溃，并将任务分配给其他节点处理。

5.1.4 Hadoop 的优势

除了开源，Hadoop 还有很多优点。

（1）可扩展：不论是存储的可扩展还是计算的可扩展，都是 Hadoop 的设计根本。

（2）经济：框架可以运行在任何普通的 PC 上。

（3）可靠：分布式文件系统的备份恢复机制及 MapReduce 的任务监控机制保证了分布式处理的可靠性。

（4）高效：分布式文件系统的高效数据交互实现及 MapReduce 结合 Local Data 处理的模式，为高效处理海量的信息作了基础准备。

目前 Hadoop 项目还在进行中，虽然和 Google 的系统相比还有一些差距，但由于其开源开放的特点，Hadoop 的前景将是非常好的。

5.2 Hadoop分布式文件系统

Hadoop 分布式文件系统（Hadoop Distributed File System，HDFS）可以被部署在低价的硬件设备之上，能够高容错、可靠地存储海量数据。HDFS 创建了多份数据块（Data Blocks）的复制（Replicas），并将它们放置在服务器群的计算节点（Compute Nodes）中，MapReduce 就可以在它们所在的节点上处理这些数据。所以，HDFS 很适合那些有大数据集的应用，并且提供了对数据读写的高吞吐率。

5.2.1 HDFS 的体系结构

　　HDFS 是一个 Master/Slave 的结构，主要由主控服务器 NameNode、数据服务器 DataNode、客户端 Client 组成（图 5-3）。文件的目录结构独立存储在一个主控服务器 NameNode 上，而具体文件数据拆分成若干块，冗余的存放在不同的数据服务器 DataNode 上。就通常的部署来说，在 Master 上只运行一个 Namenode，而在每一个 Slave 上运行一个 DataNode。客户端 Client 以一个类库（包）的模式存在，为用户提供文件读写、目录操作等的 API，用户通过它来享受分布式文件系统提供的服务。

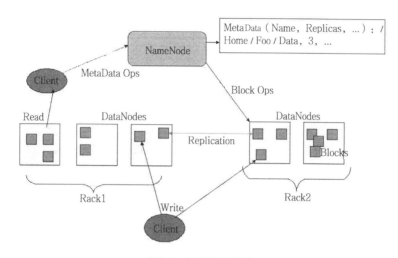

图5-3　HDFS的架构

　　HDFS 支持传统的层次文件组织结构，同现有的一些文件系统在操作上很类似，如可以创建和删除一个文件、把一个文件从一个目录移到另一个目录、重命名等操作。NameNode 管理着整个分布式文件系统，对文件系统的操作（如建立、删除文件和文件夹）都是通过 NameNode 来控制。

　　图 5-3 所示是 HDFS 的架构，从中可以看出，NameNode、DataNode、Client 之间的通信都是建立在 TCP/IP 的基础之上的。当 Client 要执行一个写入的操作时，命令不是马上就发送到 NameNode，Client 首先在本机的临时文件夹中缓存这些数据，当临时文件夹中的数据块达到设定的 Block 的值（默认是 64M）时，Client 便会通知 NameNode，NameNode 便响应 Client 的 RPC 请求，将文件名插入文件系统层次中，并且在 DataNode 中找到一块存放该数据的 Block，同时将该 DataNode 及对应数据块的信息告诉 Client，Client 便将这些本地临时文件夹中的数据块写入指定的数据节点。另外，NameNode 与每个 DataNode 有定期心跳（HeartBeat）消息检查健康性。

　　HDFS 采取副本策略，其目的是提高系统的可靠性，可用性。HDFS 的副本放置策略是三个副本：一个放在本节点上，一个放在同一机架中的另一个节点上，还有一个副本放在另一个不同的机架中的一个节点上。副本的存放是 HDFS 可靠性和性能的关键。优化的副本存放策略是 HDFS 区分于其他大部分分布式文件系统的重要特性。

5.2.2 Hadoop 的文件操作

在 Hadoop 中，基本的文件操作可以分成两类：一是对文件目录结构的操作，如文件和目录的创建、删除、移动、更名等；二是对文件数据流的操作，包括读取和写入文件数据。

1. 文件目录结构的操作

在 Hadoop 中，文件目录的信息全部存放在主控服务器 NameNode 上，因此，所有对文件目录的操作只会直接涉及客户端 Client 和主控服务器 NameNode。其实，有的操作本质上还是涉及了数据服务器，如文件创建和删除操作。但是，即使在需要涉及数据服务器的操作上，主控服务器都不会主动联系数据服务器，将指令传输给它们，而是放到相应的数据结构中，等待数据服务器来取。这是为了减少通信的次数，加快操作的执行速度，并尽量减小唯一的主控服务器的负担。

2. 文件的读写

在 Hadoop 的文件读写中，不论读写，主控服务器只是中介。客户端把自己的需求提交给主控服务器，主控服务器挑选合适的数据服务器（物理位置近，或者是当前负荷小的数据服务器）与客户端通信。这种策略进一步降低了主控服务器的负载，提高了效率。在读取时一对一操作，一个客户端与一个数据服务器交互即可。而写入则是一对多，一次写入要让所有相关数据服务器同步。下面分别介绍文件读取和写入的具体流程。

1）文件的读取

图 5-4 所示是文件读取的流程，具体步骤如下。

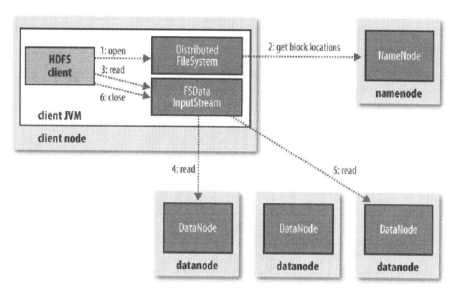

图5-4 文件读取流程

（1）客户端 Client 向 NameNode 发起文件读取的请求，得到所有数据块信息，以及数据块对应的所有数据服务器的位置信息。

（2）HDFS 尝试从某个数据块对应的一组数据服务器中选出一个，进行连接。

（3）数据被一个包一个包发送回客户端，等到整个数据块的数据都被读取完了，就会断开此连接，尝试连接下一个数据块对应的数据服务器，整个流程依次如此反复，直到所有请求的数据的都读取完为止。

2）文件的写入

在分布式文件系统中，一旦涉及写入操作，并发处理难免都会成为一个变相的串行操作，否则不同的客户端如果是任意时序并发写入的话，整个写入的次序将无法保证。在 HDFS 中，并发写入的次序控制是由主控服务器来把握的。当某文件正在写入操作时，其节点会被主控服务器上锁，拒绝其他客户端的写要求。

图 5-5 所示为文件读取的流程，具体步骤如下。

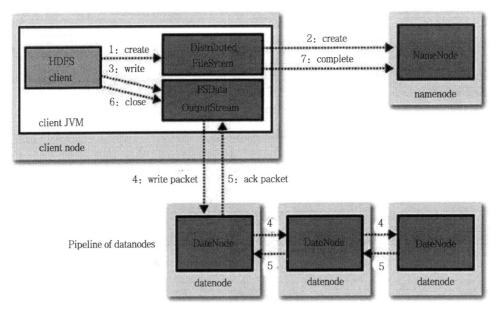

图5-5　文件写入流程

（1）当客户端向 HDFS 文件写入数据的时候，假设该文件的副本系数设置为3，客户端会从 NameNode 获取一个 DataNode 列表用于存放副本。

（2）然后客户端开始向第一个 DataNode 传输数据，第一个 DataNode 接收数据，写入本地仓库，并同时传输该部分到列表中第二个 DataNode 节点。

（3）第二个 DataNode 也是这样接收数据，写入本地仓库，并同时传给第三个 DataNode。

（4）最后，第三个 DataNode 接收数据并存储在本地。

（5）因此，DataNode 能流水线式地从前一个节点接收数据，并同时转发给下一个节点，数据以流水线的方式从前一个 DataNode 复制到下一个，如图 5-6 所示。

图5-6　文件写入的流水线

5.2.3 Hadoop 的容错支持

在分布式环境中，意外情况随时可能发生，数据传输错误、服务器死机等很多平常称为异常的现象也许都会经常出现。因此，HDFS 的主要设计目标之一就是在故障情况下，也能保证数据存储的可靠性。

客户端作为一个文件系统的使用者，在整个文件系统中的重要性较低，在大部分情况下，客户端的故障并不会对整个系统产生影响。但是，如果客户端在写入文件时宕机，由于该文件被主控服务器上锁，其他客户端就都无法使用该文件。解决办法就是使用**租约机制**，即当客户端需要占用某个文件的时候，与主控服务器签订一个短期合同。这个合同有一个期限，在这个期限内，客户端可以延长合同期限，一旦超过期限，主控服务器会强行终止此租约，将这个文件的享用权分配给他人。

与客户端相比，大量的数据服务器是一个更不稳定的因素。一旦某数据服务器宕机，并且主控服务器还不知道，主控服务器就会不知情地"欺骗"客户端，给它们无法连接的服务器列表，导致无法服务。因此，为了整个系统的稳定，数据服务器必须时刻向主控服务器汇报，保持主控服务器对其的完全了解，这就是**心跳机制**。

作为整个系统的核心，主控服务器宕机，整个分布式文件服务集群将彻底瘫痪。解决方法就是使用**日志机制**，即在主控服务器上，所有对文件目录操作的关键步骤都会被写入日志。另外，主控服务器会在某些时刻将当下的文件目录完整地序列化到本地，这称为**镜像**。在主控服务器宕机重新启动后，主控服务器会根据最近的镜像和镜像之后的所有日志重建整个文件目录，将服务能力恢复到宕机前的水准。

在 HDFS 中，同一份文件的数据是存在大量冗余备份的，必须使所有的数据块内容完全同步，否则不同客户端读同一个文件会读出不同数据。首先，每一个数据块，都有一个版本标识，一旦数据块上的数据有所变化，此版本号将增加。这样的机制保证了各个数据服务器上的数据块的一致性。但是，由于网络的复杂性，简单的版本信息无法保证具体内容的一致性（版本信息与内容无关，可能会出现版本相同，但内容不同的状况），因此，为了保证数据内容上的一致，必须要依照内容作出**签名**（一般的方式是奇偶校验）。

5.2.4 HDFS 的访问接口

访问 HDFS 可以通过很多种方式，可以使用 Java API 调用，也可以使用 C 语言的API；HDFS 还提供了浏览器访问的方式。

Hadoop API 包括如下几种主要的包（package）。

（1）org.apache.Hadoop.conf：定义了系统参数的配置文件处理 API。

（2）org.apache.Hadoop.fs：定义了抽象的文件系统 API。

（3）org.apache.Hadoop.Hdfs：HDFS、Hadoop 的分布式文件系统的实现。

（4）org.apache.Hadoop.io：定义了通用的 I/O API，用于针对网络、数据库、文件等数据对象做读写操作。

（5）org.apache.Hadoop.ipc：用于网络服务端和客户端的工具，封装了网络异步 I/O的基础模块。

（6）org.apache.Hadoop.MapReduce：Hadoop 分布式计算系统（MapReduce）模块

的实现，包括任务的分发调度等。

（7）org.apache.Hadoop.metrics：定义了用于性能统计信息的 API，主要用于 mapred 和 dfs 模块。

（8）org.apache.Hadoop.record：定义了针对记录的 I/O API 类及一个记录描述语言翻译器，用于简化将记录序列化成语言中性的格式（language-neutral manner）。

（9）org.apache.Hadoop.tools：定义了一些命令行的工具。

（10）org.apache.Hadoop.util：定义了一些公用的 API。

（11）org.apache.Hadoop.Security：定义了用户和用户组的信息。

其中，org.apache.Hadoop.fs 包包含抽象文件系统的基本要素和基本操作。HDFS 文件系统是基于流式数据访问的，并且可以基于命令行的方式来对文件系统的文件进行管理与操作。

org.apache.Hadoop.HDFS 包包含了以下几个通信协议（图 5-7）。①ClientProtocol 协议：客户端进程与 NameNode 进程进行通信；②DataNodeProtocol 协议：一个 DFS DataNode 用户与 NameNode 进行通信的协议；③InterDatanodeProtocol 协议：DataNode 之间的通信；④ClientDatanodeProtocol 协议：客户端进程与 DateNode 进程进行通信；⑤NamenodeProtocol 协议：次级 NameNode（Secondary NameNode）与 NameNode 进行通信所需进行的操作。

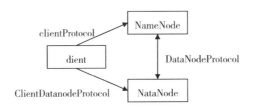

图5-7　HDFS主要节点间的通信协议

5.3 MapReduce

MapReduce 是 Hadoop 的核心计算模型，它将复杂的运行于大规模集群上的并行计算过程高度地抽象为两个函数，即 Map 和 Reduce。

Hadoop MapReduce 引擎由 JobTracker（作业服务器）和 Task Tracker（任务服务器）组成（图 5-8）。JobTracker 负责管理调度所有作业，它是整个系统分配任务的核心。它也是唯一的，这与 HDFS 类似，因此简化了同步流程问题。TaskTracker 具体负责执行用户定义操作，每个作业被分割为任务集，包括 Map 任务和 Reduce 任务。任务是具体执行的基本单元，TaskTracker 执行过程中需要向 JobTracker 发送心跳信息，汇报每个任务的执行状态，帮助 JobTracker 收集作业执行的整体情况，为下次任务分配提供依据。

在 Hadoop 中，客户端（任务的提交者）是一组 API，用户需要自定义自己需要的内容，由客户端将作业及其配置提交到 JobTracker，并监控执行状况。与 HDFS 的通信机制相同，Hadoop MapReduce 也使用协议接口来实现服务器间的通信。实现者作为 RPC 服务器，调用者经由 RPC 的代理进行调用。客户端与 TaskTracker 及 TaskTracker 之间，都不再有直接通信。由于整个集群各机器的通信比 HDFS 复杂得多，点对点直接通信难以维持状态信息，所以统一由 JobTracker 收集整理转发。

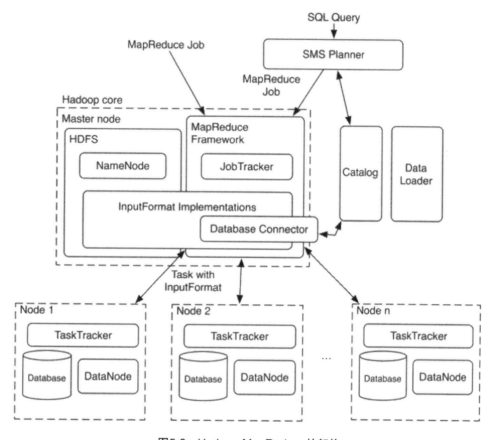

图5-8　Hadoop MapReduce的架构

Hadoop 中所有 MapReduce 程序以 Job 形式提交给集群运行（图 5-9）。一个 MapReduce Job 被划分为若干个 MapTask 和 ReduceTask 并行执行。一个 Job 的提交包括数据和程序（Jar 文件）的提交。对 Map 任务的结果，先进行 Combine（连接），将中间结果中有相同 key 和 value 的进行合并，与 Reduce 类似，这样可以减少生成对的数目。Combine 之后，把产生的中间结果按 key 的范围划分成 R 份，即分区（Partion），分区时通常采用 Hash 函数来完成。Map 任务的中间结果在做完 Combine 和 Partion 后，以文件形式存于本地磁盘。中间结果文件的位置会通知主控 JobTracker，JobTracker 再通知 Reduce 任务到哪一个 DataNode 上去取中间结果。每个 Reduce 需要向多个 Map 任务取数据，然后执行 Reduce 函数，形成最终结果。

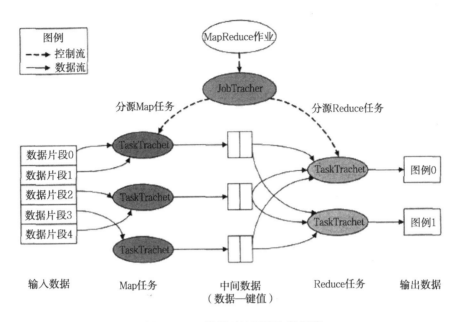

图5-9　Job运行时控制流和数据流

5.4 HBase

HBase 是 Hadoop 的数据库系统，它是一个面向列存储的分布式存储系统，它的优点在于可以实现高性能的并发读写操作，同时 HBase 还支持对数据进行透明的切分，这样就使得存储本身具有了水平伸缩性。

5.4.1 HBase 的数据模型

HBase 是一个类似 BigTable 的分布式数据库，大部分特性和 BigTable 一样，是一个稀疏的、长期存储的、多维度的、排序的映射表。这张表的索引是行关键字（Row Key），列（Column）和时间戳（TimeStamp）（图 5-10）。每个值是一个不解释的字符数组，即数据都是字符串，没有其他的数据类型。用户在表格中存储数据，每一行都有一个可排序的主键和任意多的列。由于是稀疏存储的，同一张表里面的每一行数据都可以有截然不同的列。列名字的格式是"<family>:<label>"，都是由字符串组成，每一张表有一个 family 集合，这个集合是固定不变的，相当于表的结构，只能通过改变表结构来改变，但是 label 值相对于每一行来说都是可以改变的。所有数据库的更新都有一个时间戳标记，每个更新都是一个新的版本，而 HBase 会保留一定数量的版本，这个值是可以设定的。客户端可以选择获取距离某个时间最近的版本，或者一次获取所有版本。

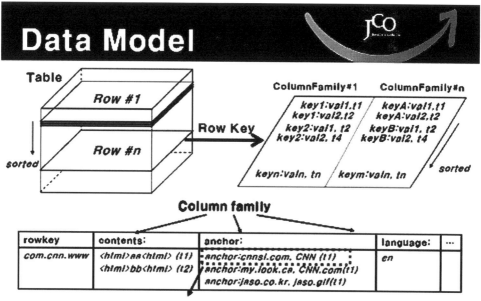

图5-10　HBase的数据模型

5.4.2 HBase 的系统架构

HBase 的服务器体系结构也遵从 Master/Slave 架构，由主服务器（HMaster）和子表（Hregion）服务器群构成（图 5-11）。

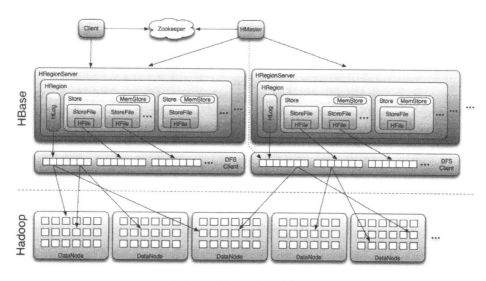

图5-11　HBase的系统架构

1. 子表服务器

在物理上，一张表被拆分成多块，每一块就称为一个子表（Hregion）。用表名+开始/结束主键来区分每一个Hregion，一个Hregion会保存一个表里面某段连续的数据，从开始主键到结束主键，一张完整的表格保存在多个Hregion上面。Hregion是被子表服务器（Hregion Server）管理的，当客户端需要访问某行数据的时候，需要访问对应的Hregion服务器。子表服务器里面有三种方式保存数据。

（1）Hmemcache高速缓存：保留的是最新写入的数据。

（2）Hlog记录文件：保留的是提交成功，但尚未被写入文件的数据。

（3）Hstores文件：数据的物理存放形式。

2. 主服务器

每个子表服务器都会和主服务器（HMaster Server）通信，主服务器的主要任务就是要告诉每个子表服务器它要维护哪些Hregion。由子表服务器提供Hregion访问，一个Hregion只会保存在一个子表服务器上面，同时Hregion会注册到主服务器上面，所以如果主服务器宕机，那么整个系统都会失效。另外，当前的子表服务器列表只有主服务器保存。Hregion区域和子表服务器的对应关系保存在两个特别的Hregion里面，它们像其他Hregion一样被分配到不同的服务器。

3. ZooKeeper

HBase依赖于ZooKeeper节点，HBase系统默认管理一个ZooKeeper实例作为Client访问HBase集群状态的权限（图5-12）。

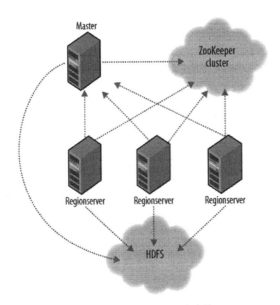

图5-12 ZooKeeper的功能

5.5 Hadoop vs Google云

在技术架构上,Hapdoop 的分布式文件系统 HDFS、分布式数据处理模型 MapReduce 和分布式结构化数据表 HBase，分别对应于 Google 云计算的 GFS、MapReduce 和 BigTable。另外，与 Google 云相比，Hadoop 是一种开源的方案，为世界上研究和应用云计算技术的组织和公司提供了很大的方便，这极大地促进了云计算的发展。

5.5.1 HDFS vs GFS

表 5-1 为 HDFS 何 GFS 的对比。

（1）中心服务器模式。GFS 有多台物理服务器，选择一台对外服务，若损坏时可选择另外一台提供服务；而 HDFS 采用单一中心服务器模式，存在单点故障的问题。

（2）子服务器管理模式。在 GFS 中，Chunk Server 在 Chubby 中获取独占锁表示其生存状态，Master 通过轮询这些独占锁获知 Chunk Server 的生存状态，当 Master 损坏时，替补服务器可以快速获知 Chunk Server 的状态；而在 HDFS 中，DataNode 通过心跳的方式告知 NameNode 其生存状态，当 NameNode 损坏后，NameNode 恢复时需要花费一段时间获知 DataNode 的状态。由此可知，在添加数据存储节点时，GFS 的伸缩性较 HDFS 要好。

（3）安全模式。HDFS 可以获知数据块副本状态，若副本不足，则拷贝副本至安全数目（如 3 个）；而 GFS 不具备安全模式，当副本损坏或 API 读取副本失败时，Master 负责发起拷贝任务。

（4）空间回收机制。在 HDFS 中，文件删除时，仅删除其目录结构，实际文件数据的删除在等待一段时间后实施，这样做的优点是便于恢复删除的文件；而在 GFS 中没有这样的机制。

表 5-1　HDFS 和 GFS 的对比

HDFS中的术语	GFS中的术语	术语解释
Name Node	Master	整个文件系统的大脑，提供整个文件系统的目录信息，并且管理各个数据服务器
Date Node	Chunk Server	分布式文件系统中的每一个文件都被切成若干个数据块，每一个数据块都被存储在不同的服务器上，此服务器被称为数据服务器

HDFS中的术语	GFS中的术语	术语解释
Block	Chunk	每个文件都会被分成若干个块，每一块都有连接的一段文件内容，是存储的基恩单位，在这里统一称做数据块
Packet	无	客户端写文件的时候，不是一个字节一个字节写入文件系统的，而是累计到一定数量后，往文件系统中写入一次，每发送一次的数据，都称为一个数据包
Chunk	无	在每一个数据包中，都会将数据模块切成更小的块，每一个块配上一个奇偶校验码，这样的块就是传输块
Secondary NameNode	无	备用的主控服务器，在身后默默地拉取着主控服务器的日志，等待主控服务器牺牲后被扶正

5.5.2 HBase vs BigTable

在 BigTable 中，使用分布式锁服务 Chubby 保证了子表服务器访问子表操作的原子性，如果子表服务器和主服务器的连接断掉，还可以继续服务，它们都依赖于一个核心的网络结构 Chubby，只要核心还在运行，整个系统就能运行。HBase 中的 ZooKeeper 实现了类似的功能。HBase 与 BigTable 其他方面的对比见表 5-2。

表 5-2　HBase 与 BigTable 的对比

特性	Big Table	Hbase	说明
读/写/修改的原子性	支持，每行	支持，每行	因为 BigTable 不像关系型数据库，所以不支持事务。最接近事务的就是让每行数据访问具有原子性。Hbase同样实现了"行锁"的 API，让用户访问数据时给一行或者几行数据加锁
锁服务	Chubby	ZooKeeper	ZooKeeper被Hbase用来协调任务并非当成锁服务。总体来说，Hbase使用ZooKeeper达到了BigTable使用Chubbyde的效果，只是语义有点细微区别

特性	Big Table	Hbase	说明
单个Master	是	不是	HB近来支持多个Master。多个Master是"热"待命模式工作，它们都侦听ZooKeeper上的Master节点
Table/Region数目	10~1000	10~1000	两个系统都推荐每个Region Serever分配相同数目的Region。当然这决定于很多因素，由于两个系统都使用普通电脑，出于负载，它们推荐相同的数目
Table/Region大小	100~200MB	256MB	在两个系统中，单个Region大小是可配置的，在Hbase中，默认大小为256MB

5.6　本章小结

本章介绍了开源云计算技术方案 Hadoop，包括其发展历程、技术架构和组成部分等。Hapdoop 的核心技术是分布式文件系统 HDFS、分布式数据处理模型 MapReduce 和分布式结构化数据表 HBase，它们分别对应于 Google 云计算技术中的 GFS、MapReduce 和 BigTable。本章分别对 HDFS、MapReduce 和 HBase 进行了详细的介绍。最后，对 Hadoop 方案和 Google 云计算技术进行了一些对比。关于 Hadoop 的安装，HDFS、HBase 的安装使用部署，详见第 8 章的实验项目。

5.7　习题

1. 分析比较Hadoop的优缺点。
2. Hadoop有哪些保障可靠性的机制?
3. 简述MapReduce合适的使用场景、不适合的场景。
4. 简述HBase和其他NoSQL数据库的异同。
5. 调研当前使用Hadoop方案的公司，以及它们各自的使用方式。

第6章　其他云计算方案

除了著名的 Google 云计算技术方案和开源方案 Hadoop，Amazon、微软、VMware 和 IBM 等大公司作为云计算的先行者和云时代的技术主导者，也纷纷推出了自己的云计算方案和产品。

6.1 Amazon的云计算

6.1.1 概述

Amazon 公司是美国最大的一家网络电子商务公司，位于华盛顿州的西雅图，是网络上最早开始经营电子商务的公司之一，在公司名下，也包括 AlexaInternet、a9.com 和互联网电影数据库（Internet Movie Database，IMDB）三家子公司。Amazon 成立于 1995 年，一开始只经营网络的书籍销售业务，现在则涉及范围相当广的其他产品，包括 DVD、音乐光碟、电脑、软件、电视游戏、电子产品、衣服、家具等。

Amazon 是靠电子商务发展起来的，它在发展和成长的过程中积累了大量基础性设施、先进的分布式计算技术和巨大的用户群体。一方面，Amazon 花了大量的时间和金钱建立了众多的服务器来服务它那广受欢迎的网站，目的仅仅是满足那少有的几段高峰期的服务应用。这些海量的硬件资源在大部分时间都处于闲置的状态，这无疑是巨大的浪费。另一方面，中小开发者不得不面对许多诸如硬件资源匮乏等难题，于是 Amazon 考虑如何将自己空闲且丰富的资源提供给其他需要的开发者使用，从而获取商业利益。因此 Amazon 开始将部分富裕的存储服务器、带宽、CPU 资源租给第三方用户。这些用户包括个人开发者、程序员、小企业、中型企业，他们租用 Amazon 的存储服务器、带宽、CPU 资源开发应用等来运营公司业务。这就是 Amazon 云计算服务的雏形（图 6-1），所以说 Amazon 很早就进入了云计算领域，而且现在仍然在云计算、云存储等方面处于领先地位。

图6-1 Amazon提供的云计算服务

6.1.2 Amazon 的云计算平台 AWS

AWS（Amazon Web Services）是 Amazon 构建的一个云平台的总称，提供了一系列的云服务，允许通过程序访问 Amazon 的计算基础设施。Amazon 多年来一直在构建和调整这个健壮的计算平台，现在任何能够访问 Internet 的人都可以使用它。

通过在 Amazon 提供的可靠且经济有效的服务上构建功能，可以实现复杂的企业应用程序。这些 Web 服务本身驻留在用户环境之外的云中，具备极高的可用性。只需根据使用的资源付费，不需要提前付费。硬件由 Amazon 维护和服务，所以用户也不需要承担维护费用。

AWS 这个虚拟的基础设施大大降低了当今 Web 环境中的 "贫富差异"。用户可以在几分钟内快速获得一个基础设施，而这在过去可能会花费几周时间。要点在于这个基础设施是弹性的，可以根据需求扩展和收缩。世界各地的公司都可以使用这个弹性的计算基础设施。同时，公司不再需要承担高额的基础设施投资和维护成本，这为创新提供了更大的机会。现在，用户可以把注意力集中在业务思想上，而不需要为服务器操心，不需要担心磁盘空间不足等问题。根据 Amazon 的估计，企业把大约 70%的时间花在构建和维护基础设施上，在推动企业发展的思想上实际上只花费 30%的时间。而使用 AWS，Amazon 会处理与硬件和基础设施相关的繁琐工作，并确保其高可用性，用户只需关注如何把自己的思想变成现实。

若从 2006 年 3 月 13 日 Amazon 发布 S3 服务开始计算，AWS 已经有十余年的历史了。经过这些年的工程与应用，现在 AWS 的基础设施功能已经相当丰富，能满足构建超大互联网应用的大多数需求。Amazon 平台提供的服务可以分为下面几个部分。

（1）计算类：包含弹性计算云（EC2）和弹性 MapReduce（Elastic MapReduce）这两个产品。EC2 几乎可以认为是迄今云计算领域最为成功的产品，通俗地说，就是提供虚拟机。EC2 的创新在于允许用户根据需求动态改变虚拟机实例的类型及数量，技术上支持容错并在收费模式上支持按使用量付费，而不是预付费。弹性 MapReduce 将 Hadoop MapReduce 搬到云环境中，大量 EC2 实例动态地成为执行大规模 MapReduce 计算任务的工作机。

（2）存储类：存储类产品较多，包括弹性块存储 EBS、简单消息队列服务 SQS、简单存储服务 S3、简单数据库服务（SimpleDB）和 DynamoDB，以及分布式数据库系统 RDS 等。其中，EBS 相当于一个分布式块设备，可以直接挂载在 EC2 实例上，用于替代 EC2 实例本地存储，从而增强 EC2 可靠性。另外，S3 中的 Blob 对象能够通过 CloudFront 缓存到不同地理位置的 CDN 节点，从而提高访问性能。SimpleDB 和 DynamoDB 是分布式表格系统，支持单表的简单操作；RDS 是分布式数据库，目前支持 Mysql 及 Oracle 两种数据库。SQS 主要用于支持多个任务之间的消息传递，解除任务之间的耦合。

（3）工具支持：AWS 支持多种开发语言，提供 Java、Rupy、Python、PHP、Windows &.NET 以及 Android 和 iOS 的工具集。工具集中包含各种语言的 SDK、程序自动部署及各种管理工具。另外，AWS 通过 CloudWatch 系统提供丰富的监控功能。

SmugMug 的照片存储业务就是应用 AWS 的一个典型、成功的案例（图6-2）。SmugMug 是一家在线照片存储共享网站，拥有数亿照片资源和几十万付费用户。业务量的急剧增长导致该新兴公司无法承受巨额的基础设施开销，SmugMug 选择了 Amazon 的 EC2 服务和 S3 服务，它把超过 0.5 PB 的数据存储在 S3 上。应用 AWS 后，SmugMug 节约的服务和存储成本接近 100 万美元，而且仅需 50 人即可完成如此大的业务量。

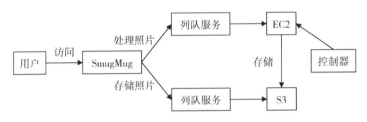

图6-2　SmugMug的基本架构

6.1.3　弹性计算云 EC2

Amazon EC2 是一个让用户可以租用云端计算机运行所需应用的系统。EC2 通过 Web 服务的方式让用户可以弹性地运行自己的 Amazon 机器镜像文件，用户将可以在这台虚拟机上运行任何自己想要的软件或应用程序。简而言之，EC2 就是一部具有无限采集能力的虚拟计算机，用户能够用来执行一些处理任务。相比传统的虚拟机托管，EC2 的最大特点是允许用户根据需求动态调整运行的实例类型和数量，实现按需付费，这就是所谓的"弹性"。为了支持这种"弹性"，EC2 需要在技术上支持容错及更好的安全性。

图 6-3 是 EC2 的基本架构，主要包含以下几个部分。

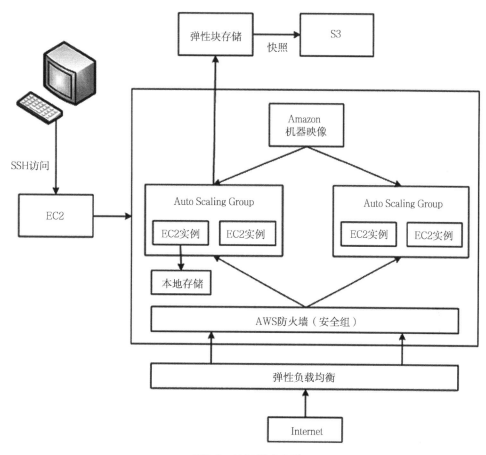

图6-3　EC2基本架构

1. AMI 和EC2实例

AMI（Amazon Machine Image）是 Amazon 虚拟机镜像文件，它是一个可以将用户的应用程序、配置等一起打包的加密机器镜像。用户创建好 AMI 后，部署在 EC2 平台上运行，称为一个 EC2 实例。EC2 使用了 Xen 虚拟化技术，每个实例实际上就是一台虚拟机。

EC2 提供自动缩放（Auto Scaling）的功能，即可以根据用户自定义的条件，自动调整 EC2 的计算能力。多个 EC2 实例组成一个自动缩放组（Auto Scaling Group），当组内的实例负载过高，例如 CPU 平均使用率超过 70%时，可以定义缩放规则自动增加 EC2 实例；同样，当组内的实例负载过低时，可以自动缩小 EC2 实例规模，以降低成本。

EC2 根据计算能力将实例分为多种类型（表 6-1）。EC2 的一个计算单元称为一个 ECU（EC2 Compute Unit），其计算能力相当于 1 个 1.0GHz 2007 Xeon 处理器。EC2 平台不支持虚拟机实例在线迁移，如果用户需要调整实例类型，EC2 内部实现时在逻辑上分为两步：①终止原有的 EC2 实例；②根据一定的策略（如负载）动态选择新的服务器节点启动新的 EC2 实例。自动缩放功能一般会配合弹性负载均衡功能一起使用，弹性负载均衡组件能够自动将流量转发给新实例。

表 6-1 EC2 实例的类型

资源	Small	Large	Extra Large	High–CPU Medium	High–CPU Extra Large
平台	32位	64位	64位	64位	64位
CPU	1ECU	4ECU	8ECU	5ECU	20ECU
内存	1.7GB	7.5GB	15GB	1.7GB	7GB
存储容量	160GB	850GB	1690GB	350GB	1690GB

另外，在 EC2 中，每个实例自身包含一个本地存储模块（Instance Local Store），临时存放用户数据。如果 EC2 实例运行过程中出现故障或者实例被终止，存储在其中的数据将会丢失。因此，Amazon 建议将重要的数据保存在 EBS 中，以增强可靠性。

2. 弹性块存储（EBS）

EC2 本地存储是实例自带的磁盘空间，但它并不是持久的，也就是说，这个实例所在的节点出现故障时，相应的磁盘空间也会随之清空，本地存储上的数据随时有丢失的风险。

为了解决本地存储不可靠问题，EC2 推出了 EBS，数据在 EBS 中自动在同一个可用区域内复制多份。EBS 通过卷来组织数据，每个 EBS 卷只能挂载到一个 EC2 实例。EBS 卷并不与实例绑定，而是与用户帐号绑定。当 EC2 实例发生故障时，用户可以在新启动的 EC2 实例上重新挂载 EBS 卷。另外，EBS 能够以快照的形式将数据增量备份到 S3，而 S3 的数据分布在多个可用区域，进一步增强了可靠性。

如图 6-4 所示，EBS 包含两个部分：EBS 控制层（EBS Control Plane）及 EBS 存储节点。EBS 客户端通过 EBS Control Plane 创建逻辑卷，获取逻辑卷每个副本所在的 EBS 存储节点位置，然后请求 EBS 存储节点读写逻辑卷数据。每个逻辑卷存储在多个 EBS 节点上，多个副本之间数据强同步，其中有一个副本为 Primary，其他的为 Secondary。当 Primary 向 Secondary 传输数据失败时，将请求 EBS Control Plane 选取新的 EBS 节点增加副本，这个过程称为重新镜像（Re-mirroring）。EBS Control Plane 负责每个逻辑卷的 Primary 副本选取，如果 Primary 出现故障，将选择某个 Secondary 副本为新的 Primary。EC2 实例通过 EBS 客户端访问 EBS 系统，它们之间遵守一定的协议，如网络块设备（Network Block Device，NBD）协议，从而 EC2 实例访问远程 EBS 节点上的逻辑卷与访问本地的块设备没有差别。

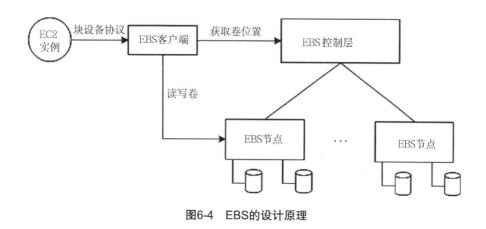

图6-4　EBS的设计原理

3. 弹性负载均衡

弹性负载均衡自动将流量分发给多个 EC2 实例，并且在一定程度上支持容错。弹性负载均衡功能可以识别应用实例的状态，当某个实例出现故障时，它会自动将流量路由到健康的实例上。

4. 弹性IP地址

通过自动缩放技术，当 EC2 平台检测到某个实例出现故障时，将动态选择新的节点启动新实例，每个实例重新启动后，它的公共 IP 地址都会发生变化。Internet 用户通过域名访问 EC2 实例，然而，需要一段比较长的时间才能更新公共 IP 地址与 DNS 之间的映射关系。弹性 IP 地址解决了这个问题。弹性 IP 地址和用户账号（而不是和某个特定的实例）绑定，EC2 用户可以将 DNS 域名设置为指向弹性 IP 地址。新实例启动时，EC2 用户只需要使用管理工具将弹性 IP 地址与新的实例关联起来，Internet 用户感觉不到任何差异。

6.1.4　简单存储服务 S3

Amazon 简单存储服务（Simple Storage Service，S3），是亚马逊公司在 2006 年 3 月推出的网络云存储服务，用户可以通过 Amazon 提供的服务接口将任意类型的文件临时或永久地存储在 S3 服务器上，S3 的总体设计目标是易用、低使用成本和可靠性。

S3 系统涉及三个关键的概念：对象（Object）、键（Key）和桶（Bucket）（图 6-5）。

（1）对象是 S3 的基本存储单元，主要由数据和元数据两部分构成。其中，数据可以是任意类型；元数据是用来描述数据的数据，和具体数据相关联，并不单独存在。

（2）键是对象的唯一标识符，每个对象必须指定一个键，否则该对象无意义。

（3）桶是存储对象的容器，桶的作用类似于 PC 机中文件夹的概念，对象是存储在桶中的。Amazon 目前对每个用户限制最多创建 100 个桶，但是并不限制每个桶中对象的数量。桶的名称必须在整个 Amazon 的 S3 服务器中是全局唯一的，这是因为 S3 中文件可以被共享，并且桶在命名时也有具体的规则。

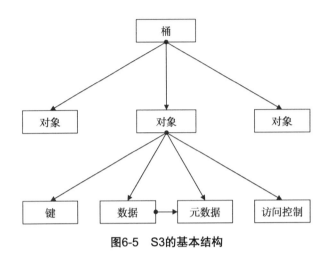

图6-5 S3的基本结构

为了保证用户数据信息的安全性，S3 系统中采用冗余存储的方式，即对每个用户的数据都产生多个副本，并将这些副本保存在不同的服务器上，这保证了在某些服务器或数据中心出现故障时用户仍然可以对其数据进行操作。S3 的数据一致性模型如图6-6 所示。

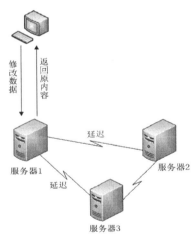

图6-6 S3的数据一致性模型

在安全措施方面，S3 向用户提供身份认证和访问控制列表（ACL）双重安全机制。S3 的身份认证主要是密码认证的方式；在访问控制列表中将授权用户分为三个类型：所有者、个人授权用户和组授权用户，同时桶和对象的 ACL 是各自独立的。

6.1.5 简单队列服务 SQS

Amazon 简单队列服务（ Simple Queue Service，SQS）是为了解决云计算平台之间不同组件的通信而专门设计开发的。所以，它的目标是解决低耦合系统间的通信问题，支持分布式计算机系统之间的工作流（图 6-7）。

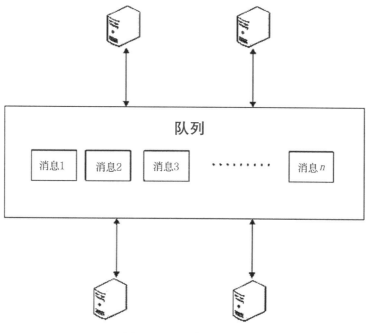

图6-7　SQS的基本模型

　　SQS 允许用户访问 Amazon 提供的可靠的消息传递基础设施，用户可以使用简单的基于 REST 的 HTTP 请求在任何地方发送和接收消息，而不需要安装和配置任何东西。用户可以创建任意数量的队列，发送任意数量的消息。Amazon 把消息存储在多个服务器和数据中心中，从而提供消息传递系统所需的冗余和可靠性。

　　每个队列可以有一个可配置的可见性超时周期，用来控制多个用户对队列的访问。一个应用程序从队列中读取一个消息之后，其他用户就看不到这个消息，直到超时周期期满为止。在超时周期期满之后，消息重新出现在队列中，另一个用户进程就可以处理它。

　　SQS 已经与 AWS 很好地集成，用户可以使用 SQS 构建松散耦合的系统。在这种系统中，EC2 实例可以通过向 SQS 发送消息相互通信并整合工作流，还可以使用队列为应用程序构建一个自愈合、自动扩展的基于 EC2 的基础设施。同时，使用 SQS 提供的身份验证机制可以保护队列中的消息，防止未授权的访问。

6.1.6　简单数据库服务 SDB

　　与 S3 不同，Amazon 简单数据库服务（Simple Data Base，SDB）主要用于存储复杂的、结构化的数据，并为这些数据提供查找、删除、插入等操作，而 S3 是专为大型、非结构化的数据块设计的。图 6-8 所示是 SDB 的基本结构，域、条目、属性和值是 SDB 中的几个重要概念。在 SDB 中，每组包含键的值需要一个唯一的条目名，条目本身划分为域，域可以看作数据的容器。每个条目最多可以包含 256 个键-值对。SDB 的所有数据库操作都是以域为单位的，即所有的查询都只可以在一个域之内进行，域间操作是不允许的。

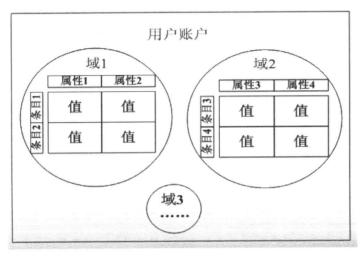

图6-8　SDB的基本结构

同时，SDB 又并不是传统意义上的关系数据库，如果将传统的关系型数据库看作一张表，则 SDB 更像我们平时接触到的文件夹的树状结构而不是表结构（图 6-9）。

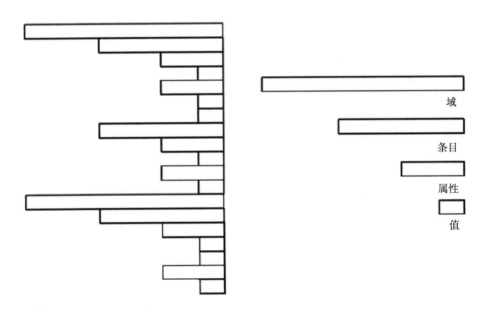

图6-9　SDB的树状组织方式

6.1.7 AWS 的综合使用举例

图 6-10 所示是典型的 AWS 服务综合使用方式。用户将需要处理和存储的数据上传至 S3，需要时可以随时下载。当上传成功后可以通过 SQS 对 SDB 执行一系列操作，将 S3 中需要处理的文件位置（指针）存储在 SDB 中，利用这些指针，配合 SQS，向 EC2 发出命令，让 EC2 的某个实例从 S3 中提取相关文件进行处理，成功处理后将文件再回存至 S3 并把处理结果返回给用户。当然用户也可以直接向 EC2 发出指令，从 S3 中直接提取文件，但这样的读取速度肯定没有利用文件指针的速度快，特别是在提取大量的分散文件时这种速度差异会更明显。所以合理地搭配使用 AWS 的各个组件可以快速、有效地完成用户的任务。

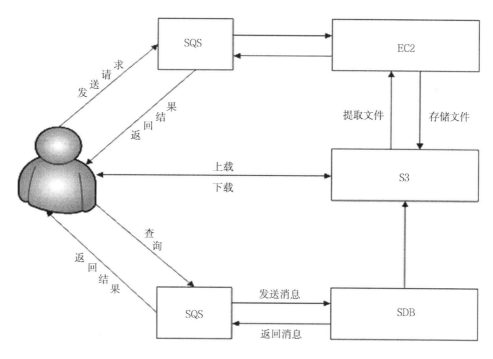

图6-10　AWS的综合使用举例

6.2　微软的云计算

6.2.1　概述

与 Google 的云计算思想不同，微软提出了"云 - 端计算"，微软认为最终应该由用户去选择合理的计算资源分布。有些计算资源应该放在云上，有些计算资源应该放在用户终端，有些计算资源应该放在合作伙伴那里。在微软的理念中，终端不可被忽略，所以，微软遵从软件 + 服务的云计算战略。

微软的云计算战略包括三大部分,目的是为自己的客户和合作伙伴提供三种不同的云计算运营模式(图6-11)。第一,微软运营。微软自己构建及运营公共云的应用和服务,同时向个人消费者和企业客户提供云服务,如微软向最终使用者提供的 Online Services 和 Windows Live 等服务。第二,伙伴运营。ISV/SI 等各种合作伙伴可基于 Windows Azure Platform 开发 ERP、CRM 等各种云计算应用,并在 Windows Azure Platform 上为最终使用者提供服务。另外一个选择是,微软运营在自己的云计算平台中的 Business Productivity Online Suite(BPOS)产品也可交由合作伙伴进行托管运营。BPOS 主要包括 Exchange Online、SharePoint Online、Office Communications Online 和 Live Meeting Online 等服务。第三,客户自建。客户可以选择微软的云计算解决方案构建自己的云计算平台。微软可以为用户提供包括产品、技术、平台和运维管理在内的全面支持。

图6-11 微软云计算的三种运营模式

总体而言,微软主要有三类云计算解决方案,即 Live 和 Online 解决方案(SaaS)、Windows Azure 平台解决方案(PaaS),以及动态数据中心解决方案(IaaS)。

6.2.2 Live 和 Online 解决方案(SaaS)

微软的云计算应用既有针对消费者的服务,也有针对企业的服务。对于用户而言,这些云计算解决方案对应的客户自有软件(即客户自己购买或构建的软件并安装运行在自己的环境中)都是需求最广、用户最熟悉的应用软件,微软提供相应的云计算应用模式,为用户提供更多的应用模式选择,让应用这些软件服务的用户可以缩减系统建设投资,降低软件升级运维成本,随需随用,而这恰恰是云计算模式的应用优势。微软当前提供的云计算解决方案已包括操作系统、办公软件、即时通信、邮件、中间件、应用管理软件等系列产品,为消费者和企业用户提供了全面的云计算应用选择。

1. 微软针对消费者的服务

微软针对消费者提供了包括 Windows Live、Office Live、Live Messenger、Bing 及 Xbox Live 等在内的多种服务。用户都已在大量使用上述服务，如 Live Meeting 每年用户使用的在线会议时长达 50 亿分钟；Windows Live ID 每天用户登录使用人数达 10 亿；Exchange Hosted Services 每天处理电子邮件信息 20 亿至 40 亿条等。

2. 微软针对企业的服务

微软针对企业用户的服务为 Microsoft Online Services，这是一整套由微软托管运维的向用户提供订阅服务的企业沟通协作解决方案，该企业级服务解决方案能够帮助各种经营规模的企业提高业务经营效率，而无需企业自己维护管理复杂的 IT 基础架构。针对企业的服务主要包括 Exchange Online、SharePoint Online、Office communicator Online、Office Live Meeting、Dynamics CRM Online 等。

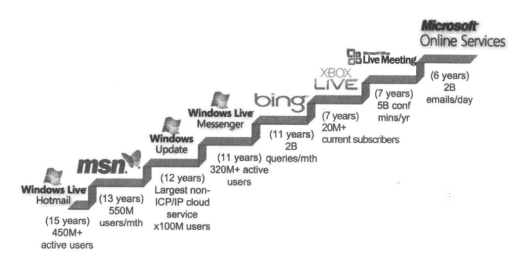

图6-12　微软云计算服务产品发展历程

6.2.3 Windows Azure Platform 解决方案（PaaS）

Windows Azure Platform 是一个运行在微软数据中心的云计算平台，包括一个云计算操作系统和一个为开发者提供的服务集合。开发人员创建的应用既可以直接在该平台中运行，也可以使用该云计算平台提供的服务。相比较而言，Windows Azure Platform 延续了微软传统软件平台的特点，能够为客户提供熟悉的开发体验，用户已有的许多应用程序都可以相对平滑地迁移到该平台上运行。另外，Windows Azure Platform 还可以按照云计算的方式按需扩展，在商业开发时可以节省开发部署的时间和费用。

Windows Azure Platform 包括 Windows Azure、SQL Azure 和 Windows Azure Platform AppFabric。Windows Azure 可看成一个云计算服务的操作系统；SQL Azure 是云

中的数据库；AppFabric 是一个基于 Web 的开发服务，可以把现有应用和服务与云平台的连接和互操作变得更为简单。 AppFabric 让开发人员可以把精力放在他们的应用逻辑上，而不是在部署和管理云服务的基础架构上。

1. Windows Azure

Windows Azure 是一个云服务的操作系统，提供了一个可扩展的开发环境、托管服务环境和服务管理环境，这其中包括提供基于虚拟机的计算服务和基于 Blobs、Tables、Queues、Drives 等的存储服务。Windows Azure 为开发者提供了托管的、可扩展的、按需应用的计算和存储资源，还为开发者提供了云平台管理和动态分配资源的控制手段（图6-13）。Windows Azure 是一个开放的平台，支持微软和非微软的语言和环境。开发人员在构建 Windows Azure 应用程序和服务时，可以使用熟悉的 Microsoft Visual Studio、Eclipse 等开发工具，同时 Windows Azure 还支持各种流行的标准与协议，包括 SOAP、REST、XML 和 HTTPS 等。 Windows Azure 主要包括三个部分，一是运营应用的计算服务；二是数据存储服务；三是基于云平台进行管理和动态分配资源的控制器（Fabric Controller）。

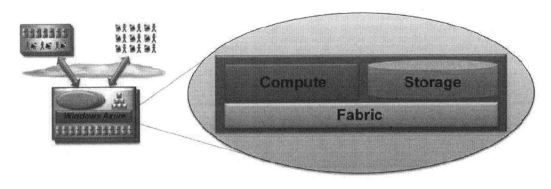

图6-13　Windows Azure的功能

1）计算服务

计算服务能够运行多种不同的应用， 并支持大量并发用户的应用。Windows Azure 提供计算服务的方式是根据需要把计算任务同时分配到多台虚拟服务器上。Windows Azure 虚拟机运行 64 位的 Windows Server 2008，由 Hyper-V 产品进行云中改造而来。开发者只要通过浏览器访问 Windows Azure 门户，用 Windows Live ID 进行注册登录， 就可以开始使用平台提供的服务。Windows Azure 应用包括 Web Role Instance，Worker Role Instance 和 VM Instance，它们各自运行在不同类型的虚拟机中。

Web Role Instance 可以接受来自 HTTP 或 HTTPS 的需求，它运行在一个包括互联网信息服务（Internet Information Services，IIS）的虚拟机中，开发者能够运用 ASP.NET、

WCF 或其他与 IIS 相兼容的.NET 技术创建 Web Role Instance。同时，开发者也可以运用其他非.NET 架构技术来创建、上传和运行应用，如 PHP。此外，Windows Azure 提供负载均衡来实现基于 Web Role Instance 的相同应用的需求扩展（图 6-14）。

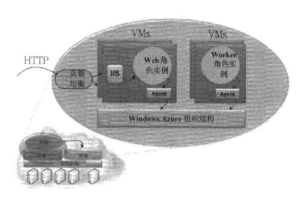

图6-14　Windows Azure应用程序运行机制

Worker Role Instance 与 Web Role Instance 不同，它不能直接接受来自外部网络的连接，但它能读取来自 Queue 存储的信息。Worker Role Instance 可被视为一个批处理任务，通过一个具体方法来实现。开发者可以同时使用 Web Role Instance 和 Worker Role Instance 或二者之一来创建一个 Windows Azure 应用。

为了给用户提供更多的控制，同时也降低把部分现有应用迁移到 Windows Azure 的难度，Windows Azure 还提供了一个 VM Role。VM Role 可以让用户自己直接控制和管理 VM 的环境，同时又可以充分利用 Windows Azure 平台带来的各种好处。

2）存储服务

Windows Azure 存储不是一个关系型数据系统，并且它的查询语言也不是 SQL，它主要被设计用来支持建于 Windows Azure 上的应用，它提供更简单容易扩展的存储。存储服务应用可以通过很多不同方式来运用数据，Windows Azure Storage 服务提供了多种选择，包括 Blobs、Tables、Queues 和 Drives。

Windows Azure 存储数据最简单的方法是运用 Blobs。Blobs 非常便于存储二进制数据，如 JPEG 图片或 MP3 音频等多媒体数据。Blobs 适用于部分应用，但它对数据缺乏结构化，为了让应用能够以更易获取的方式来使用数据，Windows Azure Storage 服务提供了 Tables。它最大的不同之处是可扩展存储，通过多个虚拟机对分布式数据进行扩展和收缩，这比使用一个标准的关系型数据库更为有效。Blobs 和 Tables 都是用于存储和接入数据，Queues 则不同，Queues 的主要功能是提供一种 Web Role Instance 和 Worker Role Instance 沟通的方式。而 Drives 的主要作用是为 Windows Azure 应用程序提供一个 NTFS 文件卷，这样应用程序可以通过 NTFS API 来访问存储的数据。提供这种 Drives 存储方式使得迁移已有应用程序到 Windows Azure 的过程变得更为平滑。无论数据以 Blobs、Tables、Queues 或 Drives 中的哪种方式存储，Windows Azure Storage 都会将所有数据复制三次，任何一个拷贝的丢失都不是致命的，任何一个应用都能够保证立即准确读取原始数据信息。

2. SQL Azure

SQL Azure 是一个云的关系型数据库，它可以在任何时间提供客户数据应用。SQL Azure 基于 SQL Server 技术构建，由微软基于云进行托管，提供的是可扩展、多租户、高可用的数据库服务。SQL Azure Database 帮助简化多数据库的供应和部署，开发人员无需安装、设置数据库软件，也不必为数据库打补丁或进行管理。 SQL Azure 为用户提供了内置的高可用性和容错能力，且无需客户进行实际管理。SQL Azure Database 支持 TDS 和 Transact-SQL（T-SQL），客户可以使用现有技术在 T-SQL 上进行开发，还可以使用与现有的客户自有数据库软件相对应的关系型数据模型。SQL Azure Database 提供的是一个基于云的数据库管理系统，能够整合现有工具集，并提供与客户自有软件的对应性。

3. Windows Azure Platform AppFabric

Windows Azure Platform AppFabric 为本地应用和云中应用提供分布式的基础架构服务。在云计算中，存储数据与运行应用都重要，但是我们还需要一个基于云的基础架构服务。这个基础架构服务应该既可以被客户自有软件应用，又能被云服务应用。Windows Azure Platform AppFabric 就是这样一个基础架构服务。AppFabric 能够使客户自有应用与云应用之间进行安全联接和信息传递。它使得在云应用和现有应用或服务之间的连接及跨语言、跨平台、跨不同标准协议的互操作变得更加容易，并且与云提供商或系统平台无关。AppFabric 目前主要提供互联网服务总线（Service Bus）和访问控制（Access Control）服务。

（1）服务总线：服务总线的目标就是让应用程序向其他应用程序提供服务访问点的过程变得更容易，不管是云应用程序还是内部部署应用程序。假设提供 Web 服务的某应用程序被部署在防火墙的内部网络，而且使用的是私有 IP 地址或者动态 IP 地址。我们当然可以通过开放防火墙端口来达到开放 Web 服务的目的，但是这需要网络管理员额外的设置，并且带来一定的安全风险。通过将该 Web 服务注册到服务总线，对于防火墙内部的 Web 服务，用户而且无需担心私有 IP 地址、动态 IP 地址的地址转换问题，而且服务总线还可以使该 Web 服务穿越防火墙，不需要开放防火墙端口。这一点无疑为应用程序带来了更多安全性。

（2）访问控制：应用程序的身份认证和访问控制是分布式应用程序的重要组成部分。通过使用访问控制组件，服务访问点可以验证来自客户端的请求是否是合法的客户端发出的。要做到这一点，客户端首先通过 HTTPs 加密信道向访问控制服务认证自身，之后，访问控制服务根据事先定义好的规则为客户端创建令牌，然后，访问控制服务将令牌发回客户端程序。之后，客户端将收到的令牌再发送给应用程序的服务访问点。最后，服务访问点验证令牌内的签名信息。目前，访问控制组件仅支持向应用程序传递基于 REST 的服务的身份信息。微软公司将在后续添加支持更多种类服务的身份信息。

6.2.4　动态云解决方案（IaaS）

动态云解决方案是微软提供的基于动态数据中心技术的云计算优化和管理方案。企业可以基于该方案快速构建面向内部使用的私有云平台，服务提供商也可以基于该方案在短时间内搭建云计算服务平台对外提供服务。微软动态云能够让用户自己动态管理数据中心的基础设施（包括服务器、网络和存储等），包括开通、配置和安装等。其核心价值在于，它可以帮助用户提高 IT 基础设施资源的利用效率，提升基础设施的应用和管理水平，实现计算资源的动态优化。

微软动态云解决方案能够帮助企业创建虚拟环境来运行应用，用户可以按照需要弹性分配适当的应用配置，并且支持动态扩展。具体功能特点包括部署、24×7 监控、优化、保护和灵活适配五个方面。其中，部署功能包括部署服务器、网络和存储服务等资源；灵活的自我管理。24×7 监控功能包括收集运行情况数据来更好地满足 SLA 需要，监控资源利用情况；客户自我监控。优化功能包括持续监控和在不影响或少影响应用运行的情况下主动根据运行需要来调整和迁移服务器；根据需要分配"合适"的资源，不超配和低配。保护功能包括防病毒、垃圾访问过滤和防火墙等；应用和数据备份；保证99.9%正常运行时间和基础设施的物理安全。灵活适配功能包括容易调整环境、部署新资源；存储、带宽等根据需要可以动态调整；支持不同虚拟技术，并可以管理不同类型的虚拟机。

具体而言，微软动态云解决方案包括面向两类不同对象的解决方案：面向企业客户方案（基于 Dynamic Data Center Toolkit for Enterprise 等产品）和面向服务提供商方案（基于 Dynamic Data Center Toolkit for Hoster 等产品）。Dynamic Data Center Toolkit for Enterprise 是微软提供给企业应用的动态数据中心管理工具。无论这些企业是最终用户、系统集成商，还是独立软件开发商，该产品的功能都是将用户数据中心优化为一个动态资源池，分配和管理以服务形式提供的 IT 资源。Dynamic Data Center Toolkit for Hoster 是微软提供给合作伙伴——服务提供商的动态数据中心管理工具，该产品能令服务提供商帮助其客户构建虚拟化的 IT 基础架构并提供可管理的服务。上述解决方案中包含配置、数据保护、部署、监控等四大基础设施功能模块，用户应用时可从自助服务

Web 门户或管理 Web 门户接入。微软动态云解决方案基于从上到下四层结构提供相关资源和功能支持。

图 6-15 所示是微软动态云解决方案的逻辑层次结构。其中，最上层是服务层，提供账户管理、服务目录、部署服务和用户报告等；下面一层是管理层，提供资源管理和负载均衡；再下面一层是虚拟化层，提供硬件虚拟化和应用虚拟化；最底层是包括服务器、网络和存储等在内的资源层。最终帮助用户实现动态数据中心的以下几方面功能。

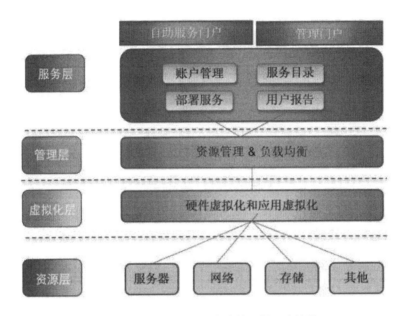

图6-15 微软动态云解决方案的逻辑层次结构

（1）资源池管理：集中管理中心的硬件资源，包括服务器、存储、网络等。

（2）动态分配服务：平台可以动态分配服务资源。

（3）自助服务门户：用户可以根据需求自助申请计算资源；平台根据 SLA 和用户付费情况决定审批结果。

（4）应用和服务管理：应用管理；服务度量计费、SLA 等；数据存储和灾备服务。

6.3 VMware的云计算

6.3.1 概述

虚拟化技术是 IT 企业构建云计算环境的关键技术和催化剂。VMware 是虚拟化行业的领导者，基于其已有的虚拟化技术和优势，提出了云基础架构及管理、云应用平台和终端用户计算等多个层次上的云计算解决方案，主要支持企业级组织机构利用服务器虚拟化技术实现从目前的数据中心向云计算环境的转变。利用 VMware 云计算解决方案，企业能逐步实现可按需提供服务并具有高可用性和高安全性的云计算模型，借助自动化的服务级别管理和标准化的访问，立即实现成本效益和业务敏捷性。

VMware 云战略的三层架构包括云基础架构及管理（IaaS）、云应用平台（PaaS）和终端用户计算解决方案（SaaS）。

6.3.2　云基础架构及管理（IaaS）

VMware 的云基础架构及管理解决方案由数据中心与云基础架构、安全产品、基础架构和运营管理三大部分组成。VMware 数据中心和云基础架构产品是 VMware 云计算解决方案的基石。在这一层，VMware 的主要思路是通过虚拟化技术将数据中心转变为灵活的云计算基础架构，使其具有在受世界上要求最严苛的数据中心信赖的平台上运行企业级应用程序所需的性能和可靠性；利用现有资产和应用程序，同时通过虚拟化提供自助部署和调配的功能；创建私有云，并将 IT 基础架构作为可轻松访问的服务来交付；随时随地实现"IT 即服务"交付，同时降低资金成本和运营成本；降低能源需求，同时将 IT 员工从烦琐的管理任务中解脱出来，这样他们就可以专注于提供创新解决方案来满足不断变化的业务需求。VMware 服务器和数据中心虚拟化产品主要包括 VMware vSphere 系列和 VMware Server 系列，后者是免费版本，性能上不如 vSphere。

1. VMware vSphere

VMware vSphere 被认为是业界领先且最可靠的虚拟化平台。vSphere 将应用程序和操作系统从底层硬件分离出来，从而简化了 IT 操作。客户现有的应用程序可以看到专有资源，而客户的服务器则可以作为资源池进行管理。因此，客户的业务将在简化但恢复能力极强的 IT 环境中运行。VMware vSphere 是 VMware 不断创新的最新成果，它为客户提供了超强的控制力、更好的成本效益以及宽泛的选择性，使 IT 基础架构转变成了自主管理、动态优化的云。

VMware vSphere 4 是业界首款用于构建内部云的云操作系统，能够对从桌面到数据中心及云的所有 IT 资产进行虚拟化，通过构建一个动态、灵活、高效的基础架构，为业务提供最大价值。vSphere 4 具备一系列突破性的新功能，可以将数据中心转变成极为简化的云计算基础架构，使客户既可以通过内部云，又可以通过外部云来提供灵活、可靠的下一代 IT 服务。利用 vSphere 4，客户能够对关键业务应用进行虚拟化，使所有应用和服务实现前所未有的灵活性和可靠性，并同时具有最高级别的可用性和响应速度，用一种渐进的、非破坏性的方式实现云计算，获得超强的控制力、更好的成本效益以及宽泛的选择性。

vSphere 5 是 VMware 数据中心级 ESX 虚拟化平台家族的第 5 代产品，相对于上一个版本，拥有 200 多项功能更新。vSphere 5 允许虚拟机拥有 32 路 SMP（对称式多处理器）和 1TB 内存、重新设计的 HA 架构、存储 DRS（数据反应系统）、配置文件驱动的存储、自动化主机部署、新的基于 Linux 的 vCenter 服务器设备，并且取消了 ESX 以支持 ESXi（服务器硬件集成），同时还对 Auto-Deploy 功能进行了强化。

基于 VMware vSphere 构建的云基础架构使得业务和应用管理者无需了解错综复杂的服务器、存储和网络资源，便能够在可管理的 SLA 下交付新的业务服务。VMware vSphere 完整的管理功能使 IT 部门可以控制服务交付的质量，并且像管理内部资源一样轻松地管理外部资源。经过十多年的不断完善，VMware vSphere 已经成为业界公认的功能最强、最可靠和最完整的虚拟化平台。今天，VMware vSphere 已经部署在全球需求最为苛刻的数据中心，成为所有行业客户构建云基础架构的重要基石。

2. VMware vCloud Director

VMware vCloud Director 构建于 VMware vSphere 之上，它使虚拟化的共享基础架构成为一个与底层硬件完全分离且各要素相互隔离的多租户虚拟数据中心。VMware vCloud Director 使 IT 部门能够通过基于 Web 的门户向用户开放虚拟数据中心，并定义和开放能部署在虚拟数据中心的 IT 服务目录。

利用 VMware vCloud Director，企业可以构建安全的私有云，从而大大提高数据中心效率和业务灵活性。与 VMware vSphere 部署集成，VMware vCloud Director 可以创建虚拟基础架构资源池，并将其作为一项目录服务提供给用户，构建跨越多个虚拟数据中心的安全私有云，这些私有云将改变 IT 部门交付和管理基础架构服务，以及用户访问和使用这些服务的方式。通过提供灵活的标准存储和网络接口，如多个虚拟机之间的第 2 层连接和广播，VMware Cloud Director 可支持现有及将来的应用程序。它利用开放式标准来保持部署灵活性，并为通向混合云铺平道路。

另外，通过利用基于 VMware vCloud Director 提供云服务的 VMware 服务提供商体系，IT 部门可以将数据中心容量扩展到安全、兼容的公共云中，并像管理企业的私有云一样方便地管理它。

3. VMware vShield

如同虚拟化是将当前大规模设备转变成全新云基础架构不可缺少的要素一样，VMware vShield 是确保云环境安全性的关键因素。

对于各种规模的组织机构，VMware vShield 提供了敏捷、动态、经济高效的安全性，能确保平滑地实现云部署，并获得云计算的实际好处。VMware vShield 为第三方解决方案提供了一个可编程的框架，以便将其整合和扩展至监控和管理服务中。

VMware vSphere 与 VMware vShield 产品系列相结合，能够确保云中应用和数据的安全性，是构建下一代云安全性的重要基石，能够应对云计算中与应用和数据安全性相关的诸多挑战。这些解决方案将确保应用和数据能被恰当地划分至信任区域，以满足 IT 法规遵从的需求，也可以满足将数据保持在特定权限范围内的要求。VMware vShield Product Family 包括：VMware vShield App、VMware vShield Edge 和 VMware vShield Endpoint 等。

利用 VMware 安全解决方案，可以实现以下目标。

（1）显著地简化安全性，确保安全策略能够快速执行并得到监控，以满足 IT 法规遵从的需求，同时对所有权域保持相应级别的控制力和可见性。

（2）确保安全敏捷性，从而使 IT 部门能够利用动态迁移这样的动态功能，保证安全策略能够无缝地适应 IT 服务需求。

（3）提供一个单一且经济高效的框架，为云的部署提供全面的保护。

6.3.3　云应用平台（PaaS）

作为对其值得信赖的虚拟化和云基础架构平台的补充，VMware 还提供了经过验证的 VMware 云应用平台（VMware Cloud Application Platform），帮助开发团队采用已经熟悉的技术来创建、运行和管理用于云部署的应用。

VMware 云应用平台为应用开发和 IT 基础架构团队提供了沟通和协作环境，能最好地满足现代应用的需求，这些应用通常都是数据密集型的、动态的，并且要求能被快速配置以适应云环境。

VMware 提供的云应用平台允许开发人员创建可移植的云应用，这将进一步增强企业响应变化的能力。利用 VMware 解决方案动态配置和管理跨各种设备的云计算服务，可以将这种敏捷性扩展至终端用户。

VMware 的云应用平台使开发人员可以充分利用现有的开发技巧和投资，减少在安全的私有云环境下创建和部署应用所需的时间。开发团队同时还可以根据企业的需求，让应用在私有云和公共云之间迁移，从而使企业继续享有自由选择的权利。

VMware 通过收购 SpringSource 来构建基于云的应用开发平台，用于满足用户在云计算模式与环境下开发相应的应用。今天，全球有 200 多万 Java 开发人员正在使用 Spring 开发框架加速现代应用系统的开发，而 Spring 正是构成 VMware 云应用平台的核心元素。Spring 框架借助能简化新应用程序开发的开发者工具和功能，使开发速度提升 50% 以上。

6.3.4　终端用户计算解决方案：桌面虚拟化产品（SaaS）

在 SaaS 层，VMware 主要是基于桌面和应用程序虚拟化，推出了 VMware View、VMware ThinApp、VMware Workstation、VMware Fusion、Zimbra、VMware Player、VMware 移动虚拟化平台（MVP）和 VMware ACE 等产品。

通过桌面和应用程序虚拟化，可以加快桌面的部署速度，增强业务连续性和灾难恢复能力，同时降低资金成本和操作系统成本；可以减少迁移和升级操作系统及应用程序时的停机时间，无需对应用程序进行重新编码、重新测试和重新验证，从而更加充分地利用现有的桌面资产；通过向远程用户和临时用户提供虚拟桌面，可以减少在远程和分支机构安排 IT 管理人员的必要，同时还能保护企业的数据；可以集中进行桌面管理并加快桌面部署，同时降低运营成本和支持成本。

VMware View 以托管服务的形式从专为交付整个桌面而构建的虚拟化平台上交付丰富的个性化虚拟桌面，而不仅仅是应用程序以实现简化桌面管理。通过 VMware View，客户可以将虚拟桌面整合到数据中心的服务器中，并独立管理操作系统、应用程序和用户数据，从而在获得更高业务灵活性的同时，使最终用户能够通过各种网络条件获得灵活的高性能桌面体验（图 6-16）。VMware View 主要有以下几方面的特点。

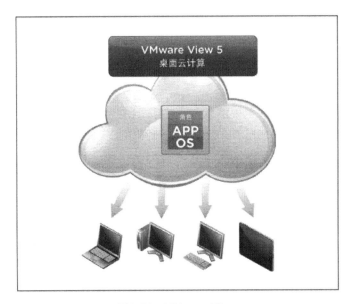

图6-16　VMware View

（1）简化桌面和应用程序管理。VMware View 为终端用户提供跨会话和设备的个性化、高逼真体验，实现传统 PC 难以企及的更高桌面服务可用性和敏捷性，同时将桌面的总体拥有成本减少 50%以上。终端用户可以享受到新的工作效率级别和从更多设备及位置访问桌面的自由，同时为 IT 提供更强的策略控制。

（2）提供业务敏捷性和服务可用性。利用 VMware View 为桌面和应用程序带来云计算的敏捷性和可用性。View 基于 Vmware vSphere 构建，可以作为客户的云计算服务的一部分从单一集成平台交付桌面。动态分配资源，为终端用户提供快速响应和高度可用的环境。可按需扩展和缩减桌面服务，以快速满足不断变化的业务需求，并主动防范计划内及计划外宕机。

（3）交付更好的桌面体验。与传统 PC 不同，View 桌面并不与物理计算机绑定。相反，它们驻留在云中，并且终端用户可以在需要时访问他们的 View 桌面。包含 PCoIP 显示协议的 VMware View 可以在各种网络条件下为全世界的终端用户提供最丰富、最灵活和自适应的体验。任何地点都可能产生业务，无论是在线还是离线、基本应用程序还是 3D 应用程序、LAN 还是 WAN，VMware View 都可以在工作场所提供最高的工作效率。

6.4 IBM 的云计算

6.4.1 概述

2007 年 11 月，IBM 推出了"改变游戏规则"的"蓝云"计算平台，为客户带来即买即用的云计算平台。它包括一系列的自动化、自我管理和自我修复的虚拟化云计算软件，使来自全球的应用可以访问分布式的大型服务器池，使得数据中心在类似于互联网的环境下运行计算。

IBM "蓝云"解决方案是 IBM 云计算中心经过多年的探索和实践开发出来的先进的基础架构管理平台。该方案结合了业界最新技术，充分体现云计算理念，已在 IBM 内部成功运行多年，并在全球范围内有众多客户案例。该解决方案可以对企业现有的基础架构进行整合，通过虚拟化技术和自动化技术，构建企业自己拥有的云计算中心，实现企业硬件资源和软件资源的统一管理、统一分配、统一部署、统一监控和统一备份，打破应用对资源的独占，从而帮助企业实现云计算理念。"蓝云"解决方案由以下部分构成。

（1）需要纳入云计算中心的软硬件资源。硬件可以包括 x86 或 Power 的机器、存储服务器、交换机和路由器等网络设备。软件可以包括各种操作系统、中间件、数据库及应用，如 Aix、Linux、DB2、WebSphere、Lotus、Rational 等。

（2）"蓝云"管理软件及 IBM Tivoli 管理软件。"蓝云"管理软件由 IBM 云计算中心开发，专门用于提供云计算服务。

（3）"蓝云"咨询服务、部署服务及客户化服务。"蓝云"解决方案可以按照客户的特定需求和应用场景进行二次开发，使云计算管理平台与客户已有软件硬件进行整合。

"蓝云"解决方案可以自动管理和动态分配、部署、配置、重新配置及回收资源，也可以自动安装软件和应用。"蓝云"可以向用户提供虚拟基础架构。用户可以自己定义虚拟基础架构的构成，如服务器配置、数量，存储类型和大小，网络配置等。用户通过自服务界面提交请求，每个请求的生命周期由平台维护。图 6-17 是"蓝云"系统架构图。该方案可以支持 6+1 种应用场景，因此被称为"6+1 解决方案"。

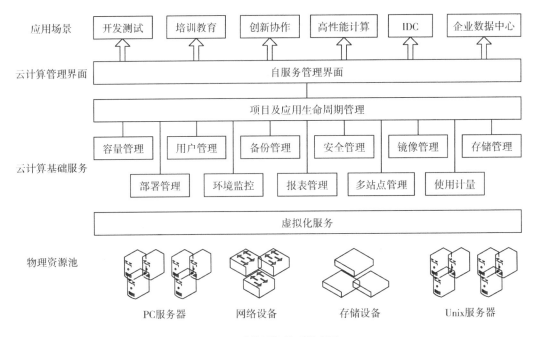

图6-17 "蓝云"的系统架构

6.4.2 "蓝云"解决方案的"6+1"场景

根据当前市场的需求，IBM 以"6+1"的方式为客户提供云计算解决方案，即适用于以下 6 个完整的应用场景及 1 个可快速部署的云计算平台：

①软件开发测试云，②培训与教育云，③创新协作云，④高性能计算云，⑤云计算 IDC，⑥企业云。

1. 软件开发测试云

软件研发企业正面临着不断增长的快速交付高质量软件的压力，这些软件要与不断发展的业务目标看齐。然而，有几个因素使这一目标越来越难以实现：团队通常期望使用同样或更少的资源交付更多的应用程序；很多团队在地理上很分散，这给团队协作带来了挑战；很多企业难以在不同的项目和组之间应用一致的流程和标准。

软件开发测试云的目标是基于 IBM 最新一代的敏捷软件开发平台，为大型企业中希望采用敏捷开发过程的中小开发团队、中小型软件研发企业以及实训工具平台所服务的学生群体，提供一个开放、可伸缩、可扩展的软件交付环境，使得软件交付过程中的不同角色能够更加密切地在一个实时工作环境里遵循敏捷流程进行高效协作，改变开发团队传统的协作方式，提高开发效率，团队能够实时掌握项目的健康状况和团队

的沟通情况，实现各类开发工具之间的完整追踪能力和真正的应用生命周期管理
（ALM）。

软件开发测试云将改变开发团队进行软件开发的传统方式，使软件交付活动具有更加高效协作性、更高生产率、更加透明并且富有乐趣，使开发团队的生产率和创新能力提高到一个新的水平。

2. 培训与教育云

不少高校毕业生和企业新员工都存在实习经验不足的问题，一个原因就是缺乏实验环境和训练机会。培训与教育云的目标是为广大被培训的学员提供两个重要的工具：一个是培训学习门户，另一个是培训实验环境。学习门户用来发布课程内容并提供交互手段。培训实验环境通过云计算基础架构管理平台为每个学员提供动态的、虚拟的 IT 环境，辅助学员熟悉各种 IT 技术、工具、软件。

3. 创新协作云

随着全球化带来的机遇、挑战以及可用人力资源的增加，很多企业把促进创新作为一种优先考虑的战略。创新协作云的目的是为企业提供协作创新的门户，以及基于云计算的创意孵化环境。

4. 高性能计算云

高性能计算云为用户提供完全可以定制的高性能计算环境。用户可以根据自己的需要改变计算环境的操作系统、软件版本、节点规模，从而避免与其他用户的冲突。高性能计算云可以成为网格计算的支撑平台，以提升计算的灵活性和便捷性。

5. 云计算 IDC

传统 IDC 主要提供带宽租用和机位租用服务，服务种类单一，竞争激烈。云计算 IDC 借助 IBM 云计算管理平台，可以提供更多种类的增值服务，并提升利润率。增值服务包括云计算虚拟基础架构服务、SaaS 软件订购服务等。云计算 IDC 同时能够简化 IDC 的管理，并迅速响应客户的需求。

6. 企业云

企业云通过采用硬件设备虚拟化、软件版本标准化、系统管理自动化和服务流程一体化等手段，把传统的数据中心建设成为一个以服务为中心的运行平台，资源的使用方式从专有独占方式转变成完全共享方式，运行环境可以自动部署和调整资源分配，实现资源随需掌控，从而帮助客户建立一个基于业务的资源共享、服务集中和自动化的开放数据中心。

7. 快速部署云

该方案提供一个可快速部署的云计算平台。云计算管理能力与被管理的资源被内置

在一组刀片中心中。通过使用内置的云计算管理平台，用户可以把刀片中心变成一个小型的云，使之可以动态提供用户所需的虚拟服务器。用户可以使用大大超过物理机器数量的虚拟服务器。

6.4.3 "蓝云"解决方案的优势

通过 IBM "蓝云"解决方案，将 IT 资源进行集中化和标准化，为企业的 IT 运行环境带来更多的价值（表 6-2）。

（1）提高生产力和业务价值，提高系统的使用效率。通过服务器整合、存储虚拟化和动态的资源调整，IT 部门可以通过使用规模小很多的硬件配置来提供同级别甚至更高级别的服务水平。

（2）大幅度简化系统管理。采用云计算构建的 IT 运行环境使 IT 系统更集中、更简单，同时通过服务器、存储和网络的自动化操作来减少潜在的人为错误。

（3）降低 IT 成本。企业可以通过购买更少的硬件设备、软件许可来降低一次性的采购成本，通过更自动化的管理降低系统管理人员的工作负担，从而在整体上帮助企业降低 IT 的投入成本和运营维护成本。

表 6-2　"蓝云"对 IBM 硬件价值的提升

	使用多个厂家硬件设备		IBN硬件+"蓝云"	
资源利用率	低	服务资源不能共享	高	服务资源共享不同的项目
管理	复杂	需要不同的工具来实现不同的管理功能	简单	所有的管理功能集成到一个Web界面即可完成
系统部署	慢	操作系统和软件安装复杂、易出错	快速	预先配置好操作系统映像和软件包，数分钟内即可安装到服务器
耗电	高	即便工作负荷下降，所有服务器依然运行	低	可将应用程序合并，减少硬件负荷，部分服务器可以关机
备份	复杂	需要备份操作系统映像、用户数据、DB等	简单	备份功能集成到管理功能里

6.5　本章小结

本章介绍了几个业界著名的 IT 公司 Amazon、微软、VMware 和 IBM 的云计算战略、解决方案和主要产品。其中，重点介绍了 Amazon 的 AWS 平台和微软的 Windows Azure 平台，并简要介绍了 VMware 的 VMware vSphere、VMware View 系列产品和 IBM 的"蓝云"解决方案。通过本章的学习，读者可以对云计算在业界的发展现状有一个更加清晰和广泛的了解。

6.6　习题

1. 简单存储服务和传统文件系统有哪些区别？
2. 阐述SQS在Amazon云计算中的地位和作用。
3. 微软云计算战略是什么？"云 – 端"思想的形成背景是什么？
4. 阐述SQL Azure和SQL Server的相同点和不同点。
5. VMware云产品包括哪些最主要的产品？各个产品在云架构和实现中的作用是什么？
6. 简述IBM"蓝云"方案的主要应用场景。
7. 调研、总结和比较其他公司（如Yahoo）的云计算平台和技术方案。

第7章　总结与展望

7.1 云计算的行业应用

云计算带来的不仅仅是技术概念和商业应用模式的改变，云计算对于通信、互联网和软件等 IT 技术服务带来的巨大改变和商业模式的冲击，将会为各个行业格局和服务提供商的竞争状态带来根本性质的变化。除了 IT 领域之外，云计算已经开始在传统行业，如电信行业、金融行业等，得到广泛的应用，并已经开始对传统行业乃至人们的生活方式产生深远的影响。

7.1.1 电信行业

市场研究公司 Ovum 预测，在未来两三年内，随着以前持观望态度的终端用户对云计算兴趣的迅速增加，全球主要电信公司将成为云计算市场的强大参与者。在一份题为"全球电信公司云计算策略（The Cloud Computing Strategies of Global Telcos）"的报告中，这一独立电信机构表示，在刚刚过去的一年中，AT&T、英国电信、Orange 和 Verizon 已经在这一市场上取得了很大进展，而在服务方面，它们也可以跟 IT 业的老牌商家一较长短。根据该报告，这些公司已经将"白热化竞争（Competitive March）"从电信产业引入云计算市场，并且在这一领域得到了广泛的认可。在中国，传统的三大电信运营商——中国移动、中国电信和中国联通已经分别开始了它们的云计算计划。

1. 中国移动

"大云"计划是中国移动研究院为打造中国移动云计算基础设施实施的关键技术，主要有两个目标：一是为中国移动 IT 支撑系统服务，目前中国移动 IT 支撑系统是全球最大的数据库之一；二是为满足中国移动提供移动互联网业务和服务的需求。

中国移动研究院从 2007 年开始进行云计算的研究和开发，是最早进入云计算研发和实践的企业之一。中国移动在 2007 年初利用闲置的 15 台 PC 服务器，基于开源软件搭建了第一个云计算的海量数据处理试验平台，并成功地运行了搜索引擎软件。2008 年年底，中国移动进一步建设了由 256 台 PC 服务器、1000 个 CPU Core、256TB 存储组成的"大云"试验平台（图 7-1），结合现网数据挖掘、用户行为分析等需求进行了应用试点，在提高效率、降低成本、节能减排等方面取得了显著的效果。

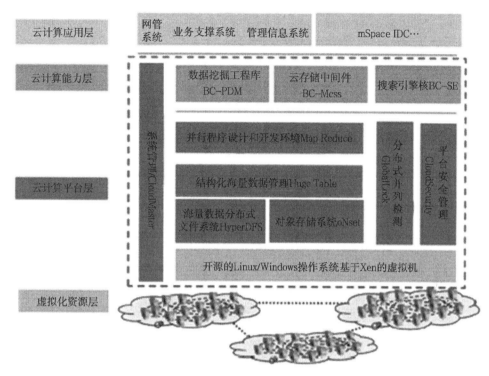

图7-1　"大云"平台系统架构

2009 年，中国移动研究院正式对外公布了正在研发和试验的平台"Big Cloud——大云"，平台规模进一步扩容，达到 1000 台服务器、5000 个 CPU Core、3000TB 的规模，并以此提升中国移动未来在移动互联网方面的信息服务能力，2009 年 9 月，在中国移动研究院内部发布了大云（Big Cloud）0.5 版本，供内部试用。

大云 1.0 版本在 2010 年 5 月 21 日发布，可实现分布式文件系统、分布式海量数据仓库、分布式计算框架、集群管理、云存储系统、弹性计算系统、并行数据挖掘工具等关键功能。具体而言，大云 1.0 包括大云数据挖掘系统（BC-PDM）、海量结构化存储（HugeTable）、大云弹性计算系统（BC-EC）、大云弹性存储（BC-NAS）和大云并行计算系统（BC-MapReduce）五个产品。

2. 中国电信

2010 年 9 月 28 日，在美国匹兹堡举行的 Open Cirrus 峰会上，中国电信正式加入全球云计算研发测试平台 Open Cirrus，中国电信广州研究院的云计算技术试验平台将成为 Open Cirrus 的全球节点之一。中国电信云计算技术试验平台的加入，将推动中国云计算技术的研究及在全球范围的应用。

Open Cirrus 成立于 2008 年 7 月，是开放的全球性云计算研究试验平台，目前正在进行 50 多个研究项目，它模拟了一个真实的、全球性的、互联网范围的环境，用于测试应用和测量基础设施及服务的性能，以建立大规模的云系统，助力建设一个创新节能的 ICT 基础设施。目前加入其中的包括俄罗斯科学院、俄罗斯国家研究中心——库尔恰托夫研究所、系统规划研究所（ISP）、联合超级计算机中心（JSCC）、韩国电子通信研究院等机构。

加入 Open Cirrus 后，中国电信已经在 Open Cirrus 云计算技术试验平台上开展了包括面向企业运营分析的全网流量异常检测分析、面向信息服务的智能图片、视频解析和检索等多个云计算研究项目。

目前，中国电信正在通过联合产业链各方，积极推动云计算的标准化和产业化，已在标准规范、技术验证、产品研发、平台建设等方面进行了探索研究：加入中国云计算技术和产业联盟的专家委员会，并合作发起成立云安全联盟分会；在 CCSA 等标准化组织参与制定云计算相关技术标准；与 Intel、微软、VMware 等业界领先公司开展云计算领域的研发合作，推出 OneAPP 等云计算产品服务。同时，中国电信还在建设新一代节能环保的 IDC 云服务中心。

3. 中国联通

2016 年 3 月，中国联通"沃云+大会"在京举行，中国联通对外发布了公司未来的云计算发展策略，并与合作伙伴发起成立了"中国联通沃云+云生态联盟"。该生态联盟旨在聚集云计算产业链各环节优势资源，构建完整云计算产业生态圈。中国联通成为国内电信运营商中唯一自主研发拥有自主知识产权的云计算服务提供商。

7.1.2 金融行业

1. 云金融

云金融是金融机构融合云计算模型及业务体系所诞生的新产物，是金融机构架构的主要组成部分，也是金融机构技术及产品创新的重要依据。云金融是云计算在技术上和概念上的专业化延伸，是金融机构利用云计算的有益探索。

从技术上讲，云金融就是利用云计算机系统模型，将金融机构的数据中心与客户端分散到云里，从而达到提高自身系统运算能力、数据处理能力，改善客户体验评价，降低运营成本的目的。

从概念上讲，云金融是利用云计算的模型构成原理，将金融产品、信息、服务分散到庞大分支机构所构成的云网络当中，提高金融机构迅速发现问题并解决问题的能力，提升整体工作效率，改善流程，降低运营成本。

2. 金融行业数据处理系统中的云应用

（1）构建云金融信息处理系统，降低金融机构运营成本。云计算的核心思想是使用户分享云系统内部的运算、数据资源，以达到使中小企业以更小的成本获得更加理想的数据分析、处理、储存的效果。而网络金融机构运营的核心之一，便是最大化地减少物理成本和费用，提高线上（虚拟化）的业务收入。云计算可以帮助金融机构构建"云金融信息处理系统"，减少金融机构在诸如服务器等硬件设备的资金投入，使效益最大化。

（2）构建云金融信息处理系统，使不同类型的金融机构分享金融全网信息。金融机构构建云化的金融信息共享、处理及分析系统，可以使其扩展、推广到多种金融服务领域。例如，证券、保险及信托公司均可以作为云金融信息处理系统的组成部分，在金融系统内分享各自的信息资源。

（3）构建云金融信息处理系统，统一网络接口规则。目前国内金融机构的网络接口标准大相径庭。通过构建云金融信息处理系统，可以统一接口类型，最大化地简化诸如跨行业务办理等技术处理的难度，同时也可减少全行业硬件系统构建的重复投资。

（4）构建云金融信息处理系统，增加金融机构业务种类和收入来源。上述信息共享和接口统一，均可以对资源的使用方收取相关的费用，使云金融信息处理系统成为一项针对金融系统同业企业的产品，为金融机构创造额外的经济收入来源。

3. 金融行业安全系统中的云应用

基于云技术的网络安全系统也是云概念最早的应用领域之一。当前，瑞星、卡巴斯基、江民、金山等网络及计算机安全软件全部推出了云安全解决方案。其中，近年来占有率不断提升的 360 安全卫士更是将免费的云安全服务作为一面旗帜，成为其产品竞争力的核心。 所以，将云概念引入到金融网络安全系统的设计当中，借鉴云安全在网络、计算机安全领域成功应用的经验，构建"云金融安全系统"具有极高的可行性和应用价值。这在一定程度上能够进一步保障国内金融系统的信息安全。

4. 金融行业产品服务体系中的云应用：一站式财富管理

通过云计算化的金融理念和金融机构的线上优势，可以构建全方位的客户产品服务体系。例如，地处 A 省的服务器、B 市的风险控制中心、C 市的客服中心等机构，共同组成了金融机构的产品服务体系，为不同地理位置的不同客户提供同样细致周到的产品体验，这就是"云金融服务"。 事实上，基于云金融思想的产品服务模式已经在传统银行和其网上银行的服务中得到初步的应用。金融机构可通过对云概念更加深入的理解，提供更加云化的产品服务，提高自身的市场竞争力。例如，虽然各家传统银行的网上银行都能针对客户提供诸如储蓄、支付、理财、保险等多种不同的金融服务，但作为客户，其同一种业务可能需要分别在多家不同的银行平台同时办理。当有相应的需求时，就需要分别登录不同的网上银行平台进行相关操作，极其繁琐。而云金融信息系统，可以协同多家银行为客户提供云化的资产管理服务，包括查询多家银行账户的余额总额、同时使用多家银行的现金余额进行协同支付等，均可在金融机构单一的平台得以实现，这样将会为客户提供前所未有的便利性和产品体验。

可以说，在云计算的发展中机遇与挑战并存。金融行业是最能接受新兴技术的行业，而金融行业对安全和可靠性有着特殊要求，这使得金融公司对云计算的应用也持谨慎态势。但是，随着云计算技术和服务模式的不断发展，在各种利害关系得到有效平衡后，云计算在金融行业将得到更加广泛、深入的应用，进而推动金融行业进入一个全新的发展阶段，甚至有可能产生新的金融商业模式。

7.2 云计算产业分析

7.2.1 云计算产业体系

云计算产业由云计算服务业、云计算制造业、基础设施服务业及支持产业等组成。

云计算服务业包括基础设施即服务（IaaS）、平台即服务（PaaS）和软件即服务（SaaS）。IaaS 服务最主要的表现形式是存储服务和计算服务，主要服务商如亚马逊、Rackspace、Dropbox 等公司。PaaS 服务提供的是供用户实施开发的平台环境和能力，包括开发测试、能力调用、部署运行等，提供商包括微软、谷歌等。SaaS 服务提供实时运行软件的在线服务，服务种类多样、形式丰富，常见的应用包括客户关系管理（CRM）、社交网络、电子邮件、办公软件、OA 系统等，服务商有 Salesforce、GigaVox、谷歌等。

云计算制造业涵盖云计算相关的硬件、软件和系统集成领域。软件厂商包括基础软件、中间件和应用软件的提供商，主要提供云计算操作系统和云计算解决方案，知名企业如威睿（VMware）、思杰（Citrix）、红帽、微软等；硬件厂商包含网络设备、终端设备、存储设备、元器件、服务器等的制造商，如思科、惠普、英特尔等。一般来说，云计算软硬件制造商通过并购或合作等方式成为新的云计算系统集成商的角色，如 IBM、惠普等，同时传统系统集成商也在这一领域占有一席之地。

基础设施服务业主要包括为云计算提供承载服务的数据中心和网络。数据中心既包括由电信运营商与数据中心服务商提供的租用式数据中心，也包括由云服务提供商自建的数据中心。网络提供商目前仍主要是传统的电信运营商，同时谷歌等一些国外云服务提供商也已经开始自建全球性的传输网络。云计算支持产业包括云计算相关的咨询、设计和评估认证机构。传统 IT 领域的咨询、设计和评估机构，如 Uptime、LEED、Breeam 等，均已不同程度地涉足云计算领域。

7.2.2　全球云计算产业发展现状

全球云计算产业虽处于发展初期，市场规模不大，但将会引导传统 ICT 产业向社会化服务转型，未来发展空间十分广阔。2011 年全球云计算服务规模约为 900 亿美元，美国云服务市场规模约占全球 60%，远高于欧洲（24.7%）和日本（10%）等国家和地区。云计算服务市场规模总量目前仅占全球 ICT 市场总量的 1/40，但增长迅猛，未来几年年均增长率预计将超过 20%。

国际主要 IT 企业将云计算作为公司未来主要战略方向，云计算相关的合作与并购十分活跃。近年来，大型 IT 企业面向云计算制定战略并调整内部组织机构，以适应未来的发展方向。早在 2008 年，包括思科、惠普、戴尔、EMC 等在内的主要国际 IT 企业就成立了专门的部门推动云计算技术和市场进展，并相继发布了云计算战略。近年来，IT 巨头在云计算领域的并购行为尤为频繁，希望借收购补足其产品短板，提高其云解决方案和云服务能力，如 IBM 收购 Platform、戴尔收购 Force10、微软收购 Opalis、Verizon 收购 Terremark 等。另外，处于各垂直领域的企业也在寻求通过联盟或合作的方式形成新的产业集团，以实现取长补短，如由思科、EMC、威睿组成的"VCE 联盟"，由法电、思科、EMC、威睿组成的"Flexible 4 Business 联盟"等。

国际上部分云服务企业已经形成了提供大规模全球化云计算服务的能力，并主导云计算的技术发展方向。谷歌的 PaaS 服务——谷歌应用引擎（Google APP Engine）用户数已经超过 1000 万，在线办公套件"Google Apps"的企业用户也突破了 400 万家；亚马逊的云服务（AWS）已经在全球 190 多个国家和地区展开，拥有包括纽约时报公司、纳斯达克证券交易所等 40 多万个商业客户；新兴云服务企业 Salesforce 全球付费用户数已超过 10 万，在全球 CRM 市场的份额从 2006 年的 8% 增加至 2011 年的 46%；Dropbox 等一批云计算领域新兴服务商近几年以超过 30% 的年度增幅快速发展。云计算制造领域的软件核心技术，如分布式体系架构、虚拟资源管理等，主要被谷歌、亚马逊等企业所掌握，它们同时通过 Hadoop 等云计算开源项目影响着云计算技术的发展方向。

传统 IT 巨头利用技术优势在私有云市场上迅速占据领导地位，并利用云计算概念在全球推销其产品和解决方案。一方面，国际 IT 巨头重新整合已有产品和服务，迅速提供云计算解决方案，如 IBM 的"蓝云"平台就整合了其 Tivoli 管理软件、Web Sphere 应用服务器、DB2 数据库等多款已有产品；另一方面投入大量资金用于云计算研发。

数据中心是承载云计算服务的重要基础设施，成为云计算发展的关键之一。云计算的发展带动了全球数据中心的发展建设和资源整合步伐不断加快，近两年来全球数据中心硬件投资规模增幅超过 10%，且呈加速增长趋势；大规模、高密度、绿色化、模块化成为数据中心的新发展方向。

7.2.3 我国云计算产业发展现状

我国云计算服务市场处于起步阶段，云计算技术与设备已经具备一定的发展基础。我国云计算服务市场总体规模较小，但追赶势头明显。据 Gartner 估计，2011 年我国在全球约 900 亿美元的云计算服务市场中所占份额不到 3%，但年增速达到 40%。近年来，我国与国外在云计算方面的差距将逐渐缩小。

大型互联网企业是目前国内主要的云计算服务提供商，业务形式以 IaaS+PaaS 形式的开放平台服务为主，其中 IaaS 服务相对较为成熟，PaaS 服务初具雏形。我国大型互联网企业开发了云主机、云存储、开放数据库等基础 IT 资源服务，以及网站云、游戏云等一站式托管服务。一些互联网公司自主推出了 PaaS 云平台，并向企业和开发者开放，其中数家企业的 PaaS 平台已经吸引了数十万的开发者入驻，通过分成方式与开发者实现了共赢。

ICT 制造商在云计算专用服务器、存储设备及企业私有云解决方案的技术研发上具备了相当的实力。其中，国内企业研发的云计算服务器产品已经具备一定竞争力，在国内大型互联网公司的服务器新增采购中，国产品牌的份额占到 50% 以上，同时正在逐步进入国际市场；国内设备制造企业的私有云解决方案已经具备 1000 台量级物理机和百万量级虚拟机的管理水平。

软件厂商逐渐转向云计算领域，开始提供 SaaS 服务，并向 PaaS 领域扩展。国内 SaaS 软件厂商多为中小企业，业务形式多以企业 CRM 服务为主。领先的国内 SaaS 软件厂商签约用户数已经过万。

电信运营商依托网络和数据中心的优势，主要通过 IaaS 服务进入云计算市场。中国电信于 2011 年 8 月发布天翼云计算战略、品牌及解决方案，2012 年将提供云主机、云存储等 IaaS 服务，未来还将提供云化的电子商务领航等 SaaS 服务和开放的 PaaS 服务平台。中国移动自 2007 年起开始搭建"大云"（Big Cloud）平台，2011 年 11 月发布了大云 1.5 版本，移动 MM 等业务将在未来迁移至大云平台。中国联通则自主研发了面向个人、企业和政府用户的云计算服务"沃·云"。目前"沃·云"业务主要以存储服务为主，实现了用户信息和文件在多个设备上的协同功能，以及文件、资料的集中存储和安全保管。

IDC 企业依托自己的机房和数据中心，将 IaaS 作为云服务切入点，目前已能提供弹性计算、存储与网络资源等 IaaS 服务。少数 IDC 企业还基于自己的传统业务，扩展到提供 PaaS 和 SaaS 服务，如应用引擎、云邮箱等。

7.3 各国政府的云计算发展战略

7.3.1 外国政府的云计算行动

1. 通过政府采购和使用云计算资源和服务，激发云计算需求，扩大云计算市场规模

2011 年 2 月，美国发布《联邦云计算战略》白皮书，规定在所有联邦政府项目中云计算优先，预计在美国联邦政府年度 800 亿美元的 IT 项目预算中有 25% 可以采用云计算，并规定每个联邦机构至少拿出三项应用向云计算迁移。截至目前，美国国防部、联邦政府、宇航局等均已推出自己的云计算计划。

2011 年 11 月，英国政府宣布将启动政府云服务（G-Cloud），并投资 6000 万英镑建立公共云服务网络；英国财务部预计英国政府每年 160 亿英镑的 IT 预算中将有 32 亿英镑采用云计算。

2010 年 10 月，德国联邦经济和技术部发布《云计算行动计划》，旨在"大力发展云计算，支持云计算在德国中小企业的应用，消除云计算应用中遇到的技术、组织和法律问题"。

2009 年 12 月，韩国推出《云计算全面振兴计划》，决定在 2014 年之前向云计算领域投资 6146 亿韩元（约 34 亿人民币），争取使韩国云计算市场的规模扩大四倍，达到 2.5 万亿韩元（约 138 亿人民币），同时树立了将韩国相关企业的全球市场占有率提高至 10% 的目标。韩国政府将率先引进并提供云计算服务，为云计算开创国内初期需求，在教育、气象与邮政业务领域应用云计算，进而引导企业采用云计算。

2. 建立适应云计算发展需求的管理架构，鼓励云计算的技术研发

美国在不同政府级别上设立了多个云计算管理机构，共同处理联邦政府云计算事务：如联邦首席信息官（CIO）委员会下设云计算执行委员会（ESC），负责联邦云计算计划（FCCI）的制定及管理；总务管理局（GSA）设立了联邦云计算项目管理办公室（PMO），为 ESC 提供云计算技术和管理支撑，监管和支持 FCCI 的执行，并定期向联邦 CIO 汇报。为支持云计算发展和基础设施建设，美国还采取了税收优惠及资金补助等多种财税支持政策。

欧盟专家小组在 2010 年年初的一份关于云计算未来的报告中，建议欧盟及其成员国为云计算的研究和技术开发提供激励，并制定适当的管理框架促进云计算的应用，共同推动云计算服务。德国联邦经济和技术部于 2011 年 9 月启动了为期 3 年的"可信云计算"研究工程，由德国政府投入 5000 万欧元，企业自筹 5000 万欧元，共包含 14 个项目，其中云计算核心技术相关项目 5 个，产业相关 4 个，医疗领域 3 个，公共部门相关 2 个。

日本 IT 战略部于 2009 年 7 月发布的"i-Japan 战略 2015"计划行动项目中包括建设"霞关云"大规模云计算基础设施，以支持政府运作所需的所有信息系统。2010 年 8 月，日本经济产业省发布了《云计算与日本竞争力研究》报告，表示将从完善基础设施建设、改善制度及鼓励创新三方面推进云计算发展，希望在 2020 年前培育出累计规模超过 40 万亿日元（约 3 万亿元人民币）的新市场。日本总务省于 2010 年 8 月向下一届例行国会提交相关法案，规定地方政府在普及云计算时将得到中央的援助，如发行地方债券等优惠措施。

3. 对云计算服务提出安全规范，提高云计算服务和产品的质量，同时提升社会对云计算的认可度

美国根据政府采购需求，由 NIST 组织主要厂商制定一系列云计算标准，并依据联邦信息安全管理法案（FISMA）开展对服务商及其产品的认证工作，另外，针对云计算启动了联邦风险和认证管理项目（FedRAMP），利用第三方机构开展专业认证，以保证政府采购云计算服务的安全性。

欧盟委员会于 2011 年 5 月开展了云计算公众咨询活动，向社会各界征求有关意见和建议，咨询重点包括数据保护及其责任、影响欧洲云计算发展的法律和技术障碍、标准化和协作方案，以及促进云计算研发的方法等。德国相关的行业协会正在研究和推行云计算相关的安全和服务等认证工作。

7.3.2 我国政府的云计算行动

我国政府近年来高度重视对云计算的发展。《国家"十二五"规划纲要》和《国务院关于加快培育和发展战略性新兴产业的决定》（以下简称《决定》）均把云计算列为重点发展的战略性新兴产业。为了配合与落实国务院的《决定》，2010 年 10 月，工业和信息化部与国家发展和改革委员会联合下发《关于做好云计算服务创新发展试点示范工作的通知》，确定北京、上海、杭州、深圳和无锡五城市先行开展云计算服务创新发展试点示范工作，并于 2011 年 10 月陆续下拨 6.6 亿元的云计算专项扶植资金。

一些省市，如北京、上海、成都、佛山、重庆等，发布了地方云计算战略规划。北京发布了"祥云工程"，目标是到 2015 年北京市在云计算服务领域形成 500 亿元产业规模，由此带动云计算产业链形成 2000 亿元产值；成都制定了云计算应用与产业发展"十二五"规划纲要，提出到 2015 年将建成云服务、基础软硬件设备生产和云终端产品制造三大产业集群，产业规模达到 3000 亿元。

北京、上海、山东、江苏，以及深圳、杭州、成都、天津、济南、南京等近十多个省市成立了地方云计算联盟，组织当地重点企业联合进行云计算服务、政策等方面的探索，如北京市的"中关村产业联盟"、成都市的"成都云计算产业联盟"、深圳市的"深圳市云

计算产业协会"，等等。

许多省市开展了以云计算产业园区为主要形式的数据中心的建设。据不完全统计，截至 2011 年年底，全国已有至少 13 个城市明确提出建设云计算数据中心园区的计划，各地园区规划总面积超过 150 平方千米，其中哈尔滨市"中国云谷"规划面积达到 50 平方千米，重庆市云计算产业基地规划面积 66 平方千米，鄂尔多斯市"草原硅谷"规划面积 10 平方千米。

1. 北京市的"祥云工程"

云计算将在未来 5 到 10 年内成为影响整个 IT 行业的关键性技术，为了抓住有利契机，推动我国在计算机核心领域赶超国际先进水平，北京市在 2010 年 10 月启动了"祥云工程"。

作为"祥云工程"的一部分，中关村地区整合了产业资源和力量，由联想、赛尔网络、中国移动研究院、百度、神州数码、用友、金山、搜狐等 19 家单位发起成立云计算产业联盟。产业联盟力争通过 3 年努力，推动建设标志性示范应用工程，建设云计算工程中心，培育行业龙头企业，使中关村成为我国云计算研究中心和产业基地。通过产业联盟的建设，"祥云工程"将合理规划布局云应用、云产品、云服务和云基础设施，在中关村建立高水平云计算产业基地，成为产品创新中心、技术交流中心、应用示范中心和服务运营中心。

"祥云工程"第一阶段是 2010—2012 年，计划完成云计算产业链整体布局，基本形成技术、产业、应用一体化发展，聚集一批全国领先的云计算企业，推广一批高标准、高效能、高可用、低成本的云服务和云应用。

第二阶段是 2013—2015 年，计划实现云计算产业化发展，形成 500 亿元的产业规模，争取带动产业链规模达到 2000 亿元，推动云应用水平居世界前列，使北京成为世界级云计算产业基地。

2. 上海市的"云海计划"

2010 年 8 月 17 日在《上海推进云计算产业发展行动方案（2010—2012 年）》（"云海计划"）发布会上，"上海市云计算产业基地"正式揭牌落户市北高新技术服务业园区。上海市闸北区区长周平在揭牌仪式上表示，闸北区将力争在三年内实现上海云计算产业基地总产值达 50 亿元人民币，五年内实现 80 亿元人民币，培养一到两家年销售额超 10 亿元以上的云计算企业，引进两到三家销售额超 5 亿的云计算企业，在基地内初步形成有影响力的云计算产业链雏形，并建成具有国际品牌效应和辐射力的上海云计算产业基地。

在上海市经济信息化委正式发布的《上海推进云计算产业发展行动方案（2010—

2012 年)》中指出，上海推进云计算产业的发展重点为五大方面：突破虚拟化核心技术，研发云计算管理平台，建设云计算基础设施，鼓励云计算行业应用和构建云计算安全环境。

7.4 我国云计算发展面临的机遇和挑战

7.4.1 我国云计算发展面临的机遇

我国云计算产业发展有以下几方面的重大机遇。

（1）我国市场规模庞大，对云计算应用有着广阔的需求。我国互联网用户已经突破 5 亿，同时几千万中小企业的信息化程度还很低，市场潜力巨大。

（2）国际云计算产业格局尚未定型，存在发展窗口期。我国已经具备一定的产业基础，互联网企业在大规模分布式计算系统方面形成自有体系，设备商在定制服务器、分布式存储系统等软硬件制造领域存在突破的机会。

（3）技术更新换代，新的技术路径及众多的开源系统提供了技术创新的契机。

（4）由于文化、国情的差异性，国际云服务和制造企业对我国用户个性化需求理解不足，为植根于国内市场的本土企业提供了发展的机会。

7.4.2 我国云计算发展面临的挑战

当前，我国云计算产业发展面临以下几方面的问题。

（1）数据中心规模结构和空间布局不合理，技术水平相对落后。规模结构方面，我国大规模数据中心（大规模数据中心是指容纳机架数 500 个以上的数据中心）比例偏低，仅占数据中心总量的万分之一，为美国这一比例的七分之一，未能充分利用大规模数据中心的集约化优势。我国数据中心设计、建设和运维水平较低，导致平均能耗较高，PUE（电能利用效率）普遍在 2.2~3 之间，而发达国家多为 1.5~2，谷歌数据中心甚至能够达到 1.1 或更低。

（2）公共云服务能力与国际先进国家相比差距较大，配套环境建设滞后。国内公共云计算服务能力与美国等发达国家相比仍有较大差距，公共云计算服务业的规模相对较小，业务较为单一，随着谷歌、亚马逊等企业加快在全球和我国周边布局，云计算服务向境外集中的风险将进一步加大。国内云计算标准规范、第三方评估认证审计等配套支持环节明显不足。

（3）核心技术亟待突破。我国企业在大规模云计算系统管理、支持虚拟化的核心芯片等一些制约发展的关键产品和技术方面仍亟须突破。

（4）云计算信息安全法律法规和监管体系不够健全。我国在与云计算安全相关的数据及隐私保护、安全管理、网络犯罪治理方面均有较大缺失。

7.4.3　我国云计算未来发展思考

基于当前我国云计算产业的发展现状,未来我国云计算发展要掌控好三个核心关键要素:一是实现云计算基础设施的优化布局;二是以云计算服务为核心带动云计算产业,突破云计算关键技术,大力发展公共云计算服务;三是完善保障云计算发展的制度环境。

(1)多方携手共同促进云计算基础设施合理发展和优化布局。应重视对老旧机房的改造和整合,提高单位功率密度和节能水平,控制新增面积的过快增长。对于新建的超大型数据中心(超大型数据中心指 5 万台服务器或 2500 机架以上规模的数据中心),应从国家层面综合环境、能源、区域和产业发展等情况来统筹考虑。

(2)以云计算服务为核心带动云计算产业,并重点扶持和发展社会化公共云计算服务。　政府和产业界应把自主品牌和技术的云计算服务作为发展云计算产业的核心,在资金、资源和政策等方面重点支持自主云计算公共服务的发展,并通过大规模的公共服务带动上下游企业和服务企业自身的技术和产品研发,加快超大规模云计算操作系统、支持虚拟化的核心芯片等基础性技术的研发突破,形成自主可控的产业体系。

(3)构建适应云计算发展的制度环境。从国家层面加强网络数据安全、个人隐私保护、知识产权保护、数据跨境流动等方面的法律法规环境建设,并建立合理的行业管理制度;从企业层面积极改革企业管理流程和组织架构,加快云计算的引入和采用。

7.5　云计算的标准化进展

云计算技术和产业仍处于发展的初期阶段,目前云计算呈现出事实标准(包括企业私有标准与开源实现)和开放标准并存,且在应用中以事实标准为主的情况。随着云计算作为一种公共服务的属性不断加强,以及云间的互通和业务迁移需求不断提升,云计算的开放标准将成为重要的发展趋势。

目前,全球范围内已经有 50 多个标准组织宣布进行云计算开放标准的制订。标准组织的主要研究领域包括以下几个方面。

(1)云计算的概念、架构与应用场景。NIST 已经提出了得到产业界公认的云计算概念与架构模型,ITU-T 和 ISO/IEC 正在进行云计算技术架构和应用场景的研究,并形成了相关的研究报告。

(2)云计算业务的互操作。一些新兴的专门针对云计算的标准组织在这方面有一定的进展,包括 OCC(开放云计算联盟)、GICTF(全球云间技术论坛)、CCIF(云计算互操作论坛)等。

(3)云计算安全。CSA(云计算安全联盟)是这一领域比较领先的组织,提出了云计算的七大安全威胁，ITU-T 也在进行相关研究。

（4）云计算相关技术。在资源与接口定义方面，DMTF（分布式管理任务组）与 SNIA（全球网络存储工业协会）分别在统一虚拟机格式及存储接口方面提出了技术标准，IEEE（美国电气和电子工程师协会）、IETF（互联网工程任务组）在云计算网络技术方面输出了较多成果，TGG（绿色网格组织）提出了绿色数据中心的评测指标。

（5）云计算的运维与资源管理， DMTF 基于对 IT 系统管理的研究提出了云计算系统的管理模型，OASIS（结构化信息促进组织）正在进行云计算身份管理的研究。

总体来看，由于缺乏主流云服务提供商的参与，云计算的开放标准进展较为缓慢，但一些基础性技术标准，如虚拟机格式、数据接口、网络技术、绿色节能等方面已经取得了明显进展。云计算安全、互联和互操作等领域，将是 ITU-T、ISO 等传统国际标准组织未来标准化的重点。

国内企业也积极参与全球云计算标准的制定，华为是 IETF 云计算标准化工作的发起者之一，也是 DMTF 的董事会成员，同时参与了 CSA 等组织的工作；中国联通、中国电信、中兴是 ITU 云计算领域工作的主导力量之一；中国移动是 TGG 的重要成员；联想、金蝶、瑞星等国内企业也在 TGG、CSA 等国际云计算标准组织中发挥了重要作用。

7.6 云计算面临的安全问题

7.6.1 云计算安全

自云计算服务出现以来，发生的大量安全事件已经引起了业界的广泛关注，并进一步引发了用户对公共云服务的信任问题。从导致安全事件的原因来看，包括软件漏洞或缺陷、配置错误、基础设施故障、黑客攻击等；从安全事件的后果来看，主要表现为信息丢失或泄露和服务中断。例如，2011 年 3 月，谷歌邮箱爆发大规模的用户数据泄漏事件，大约有 15 万 Gmail 用户受到影响；2011 年 4 月，由于 EC2 业务的漏洞和缺陷，亚马逊公司爆出了史上最大的云计算数据中心宕机事件。同一个月，黑客租用亚马逊 EC2 云计算服务，对索尼 PlayStation 网站进行了攻击，造成用户数据大规模泄露。

国际标准组织、产业联盟和研究机构等针对云计算安全风险开展了研究，尽管各组织机构对云计算安全风险分析的角度不尽相同，但普遍认为共享环境数据和资源隔离、云中数据保护及云服务的管理和应用接口安全是最值得关注的问题。从各组织的关注重点来看，管理方面的探讨较多。例如，ITU-T 关注用户在让渡数据和 IT 设施管理权的情况下与服务提供商之间的安全权责问题，并强调了数据跨境流动带来的法律一致性遵从问题；CSA 关注云服务恶意使用和内部恶意人员带来的安全风险；ENISA（欧洲网络与信息安全局）强调了公共云服务对满足某些行业或应用特定安全需求的合规性风险。同传统的信息化系统一样，从技术上看，云计算系统的安全漏洞是不可避免的，且由于服务网络化、数据集中化、平台共享化和参与角色多样化，云计算所面临的安全风险相对于传统信息化系统更加复杂。

但也应该看到，在绝大多数情况下，相对于个人和中小企业用户而言，云服务提供商可以提供更加专业和完善的访问控制、攻击防范、数据备份和安全审计等安全功能，并通过统一的安全保障措施和策略对云端 IT 系统进行安全升级和加固，从而提高这部分用户系统和数据的安全水平。

7.6.2 云计算的法律环境

要全面应对云计算发展带来的安全挑战，不仅需要从技术上为云计算系统和每个用户实例提供保障措施，还需要配套的法律法规和监管环境的完善，明确服务提供商和用户之间的责任和权利，对用户个人信息进行有效保护，防止数据跨境流动带来的法律适用性风险。

欧盟、美国、日本和韩国等拥有相对完善的网络信息安全保护法律体系，为云计算的发展提供了较好的法律保障。其法律规定主要包括以下几个方面：一是个人信息保护。美国早在 20 世纪 70 年代就制订了《隐私法》保护个人信息，并准备修订其《电子通信隐私法》以适应云计算的发展；欧盟 1995 年通过了《个人数据保护指令》，2002年通过并于 2009 年修订了《有关个人数据处理和电子通信领域隐私保护的指令》，对个人信息保护提出要求；日本出台了《个人信息保护法》；韩国《促进信息和通信网络利用及信息保护法》也对个人信息保护进行了规定。二是数据跨境流动。 欧盟的《个人数据保护指令》是关于数据跨境流动限制最典型的法律规定。三是保障国家安全。在特定条件下，政府可以通过一定的程序接触云计算中的个人信息。典型的如美国的《爱国者法》，加拿大的《反恐法案》《国防法》等，美国政府可根据《爱国者法》访问由美国公司提供的云服务中的个人信息。四是保障政府机构使用的云计算服务安全，如美国的《联邦信息安全管理法案》。

相比之下，我国在个人隐私保护、在线数据保护、数据跨境流动等方面的法律法规存在很大缺失，还需要从立法、规章制度等多方面不断完善适应云计算发展的信息安全法律监管环境。

7.7 云计算的未来

云计算将在未来几年进入蓬勃发展期。根据 Gartner 预测，2016 年全球云服务市场约为 2094 亿美元，未来几年云服务市场仍将保持 15%以上的增长率，2017 年将达到2442 亿美元。

数量巨大的网络用户，尤其是中小企业用户，为"云计算"在国内的发展提供了很好的用户基础。云计算将大幅度提升国内数量广泛的中小企业的电子化水平，最终提升企业的竞争力。

未来，几乎所有的IT资源都可以作为云服务来提供：应用程序、计算能力、存储容量、联网、编程工具，以至于通信服务和协作工具。IT部门不用担心服务器升级、软件升级及其他计算问题，从而解放IT部门。通过云计算，企业将能够最大限度地节约IT成本，最大限度地增加回报。企业将节约的IT成本投入到创新当中，转换成为新的生产力。

可以想象这样一幅美妙画面，未来——人们手持一台手机或电脑，即可获得所需的一切网络资源和IT服务。手机、电脑仅仅是一个端，更小尺寸、更轻质量、却能够运行更强劲的处理。用户不需要安装任何操作系统和软件，只需要一个浏览器即可实现90%的功能，甚至包括超级计算这样的复杂任务。用户将不必再担心数据丢失以及病毒的入侵，不再需要硬件设施，不需要为机房支付设备供电、空调制冷、专人维护等费用，不需要等待漫长的供货周期和项目实施时间。这一切，都将等待"云"的全面实现。

7.8 本章小结

本章首先介绍了云计算在其典型应用行业——电信行业和金融行业的应用。本章还对当今云计算产业的发展现状进行了分析，包括云计算产业的组成部分、云计算产业在国际上和我国的发展情况。同时，本章分析了世界各国的云计算发展战略，并着重分析了云计算在我国发展所面临的机遇和挑战。另外，本章简要介绍了当今业界对于云计算技术标准化的研究进展以及云计算发展的突出挑战——安全问题。最后，对云计算的未来进行了展望。

7.9 习题

1. 列举云计算在其他产业（如制造业等）的应用。
2. 调研了解我国IT公司（如腾讯、阿里巴巴等）的云计算战略和相关技术。
3. 云计算主要面临哪些安全挑战？现在业界有哪些解决方法？
4. 调研了解云计算技术标准化的相关工作进展。
5. 调研各大IT公司（如谷歌、微软等）的年度报表，了解这些公司的云计算战略和经营状况。

第8章 实验项目

8.1 Virtual PC的安装、配置和使用

8.1.1 实验目的

（1）学习安装 Virtual PC。

（2）学习使用 Virtual PC 创建虚拟机，并安装一个新的操作系统。

8.1.2 实验内容

1. 下载Virtual PC

Virtual PC 2007 下载地址：

http://xiazai.zol.com.cn/detail/9/89889.shtml。

Virtual PC 6.1 下载地址：

http://dl.pconline.com.cn/html_2/1/59/id=2160&pn=0.html。

2. 安装

将下载的 Virtual PC 安装到电脑上。

3. 新建虚拟机

通过 Virtual PC 软件新建一个或多个虚拟电脑，并安装其他操作系统，如 Window XP 或 Linux。

8.2 Xen的安装、部署和配置

8.2.1 实验目的

（1）掌握 Linux 基本操作命令。

（2）配置 Yum 数据源。

（3）学习如何安装、配置和使用 Xen。

8.2.2 实验要求

实验前需要在一台物理机上已安装好 CentOS 5.4 或者 CentOS 5.5。

8.2.3 实验内容

1. Linux基本操作命令

本实验的所有操作是基于 CentOS 5 Linux 操作系统的，适用于 CentOS 5.4 和 CentOS 5.5。

Linux 常用基本命令包括：ls、cd、mkdir、rm、man、cat、ssh、yum、vim、vi、mount、umount 等。

2. 搭建本地镜像服务器和设置Yum客户端

Yum（Yellow dog Updater, Modified）是一个在 Fedora 和 RedHat 以及 SUSE、CentOS 中的 Shell 前端软件包管理器。基于 RPM 包管理，能够从指定的服务器自动下载 RPM 包并且安装，可以自动处理依赖性关系，并且一次安装所有依赖的软体包，无须烦琐地一次次下载、安装。

CentOS 中有很多软件包，我们可以在安装操作系统时定制安装相关软件包，也可以在安装完操作系统后通过 Yum 来安装这些软件包，Yum 能自动处理软件包依赖关系，使得安装软件更加容易。

一般情况下，在系统上安装相应软件包时需要通过 Yum 从相应的镜像服务器下载相关的软件包进行安装。我们只需要配置 Yum 客户端，设置镜像的远程路径即可在客户端方便地完成安装。

3. 安装Xen

CentOS 支持 Xen 虚拟化，我们只需要在安装操作系统时选择虚拟化支持或者在已安装的系统上安装支持 Xen 的内核和相关工具就可以完成 Xen 的安装。

Xen安装完毕并使用新内核重新启动后，系统中将运行Domain 0，使用Domain 0，我们可以创建多个虚拟机。

8.2.4 实验步骤指导

1. 设置Yum客户端

Yum 的配置文件位于/etc/yum.repos.d/目录下，在本实验中，我们只需要修改 CentOS-Base.repo 文件（图 8-1）。

[root@glnode04 yum.repos.d]# cd /etc/yum.repos.d
[root@glnode04 yum.repos.d]# ls
[root@glnode04 yum.repos.d]# vim /etc/yum.repos.d/CentOS-Base.repo

```
CentOS-Base.repo   CentOS-Media.repo
```

图8-1　CentOS-Base.repo文件

这里 baseurl 是 Linux 镜像的 url，如图 8-2 中所示，使用的是 CentOS-5.5 镜像。

```
1  [centos-mirror-base]
2  name=CentOS-5.5
3  baseurl=http://10.10.104.86:8088/CentOS/5.5/
4  enabled=1
5  gpgcheck=1
6  gpgkey=http://10.10.104.86:8088/CentOS/5.5/RPM-GPG-KEY-CentOS-5
```

图8-2　修改CentOS-Base.repo文件的参数

2. 搭建本地Linux镜像服务器

Yum 在安装软件包时会读取配置文件，并从 baseurl 所指向的网络镜像服务器中下载相关的 rpm 软件包，然后在本地安装。中科大开源软件镜像站（http://CentOS.ustc.edu.cn/）收录了很多开源镜像，是一个不错的选择。但是由于网络下载速度慢和流量限制等因素，搭建一个本地镜像服务器是更好的选择。

我们可以从六维空间等站点下载 CentOS-5 的 X86 或者 X64 版本的镜像文件（ISO文件），然后在本地 Windows 或者 Linux 中搭建一个 apache 服务器，将 ISO 文件内容解压到某个目录。例如，我们下载了 CentOS-5.5-x86_64-bin-DVD-1of2.iso（CentOS-5.5镜像的第一张盘），可以将其内容 mount 到某个目录下，然后在 apache 的 htdcos 目录中建立一个软链接指向镜像文件所在目录，这样就可以通过网络访问 Linux 镜像了。

[root@glnode04 ~]# mkdir -p /sdb1/CentOS/mirror/5.5

[root@glnode04 ~]# mount -o loop /sdb1/CentOS/iso/5.5/CentOS-5.5-x86_64- bin-DVD-1of2.iso /sdb1/CentOS/mirror/5.5

[root@glnode04 ~]# cd /opt/apache-httpd-2.2.14/htdocs/

[root@glnode04 ~]# ln -s /sdb1/CentOS/mirror　CentOS

[root@gd86 htdocs]# ls CentOS5.5

设置完毕，可以通过 URL：http://10.10.103.14:8088/CentOS/5.5/ 访问镜像。

3. 安装内核支持虚拟化

如果在安装 CentOS 选择了虚拟化支持，则将安装 2.6.18-194.el5Xen 内核，内核名字中的 Xen 表示该内核是支持 Xen 的。

以下命令可以查看当前系统的内核，查看系统中共安装了几个内核（图 8-3）：

```
[root@gd37 ~]# uname -r
2.6.18-194.el5xen
[root@gd37 ~]# grep "title" /etc/grub.conf
title CentOS (2.6.18-194.el5xen)
title 2.6.34.7
title CentOS (2.6.18-194.8.1.el5)
```

图8-3 系统中已经安装的内核

如果操作系统在安装时选择了虚拟化支持，则可以查看当前内核是否支持 Xen，如果是，则跳转到下一个实验步骤；如果不是，则需要选择 Xen 内核并重新启动系统。切换系统内核可以通过修改 /etc/grub.conf 文件中的 default 的值来完成。

如果没有选择虚拟化支持，则使用 root 用户登录，通过 Yum 来安装支持 Xen 的内核，命令如下：

[root@glnode04 ~]# yum -y install Xen*

[root@glnode04 ~]# yum -y install virt-manager

[root@glnode04 ~]# yum -y install virt-viewer

[root@glnode04 ~]# yum -y install kernel-Xen*

安装完毕，修改 /etc/grub.conf 文件中的 default 的值，选择新内核（2.6.18-194.el5xen）并重新启动系统。

4. 熟悉Xen相关命令

重新启动系统后，系统将默认启动 xend 服务。

使用 xm 命令可以查看当前已安装的虚拟机，Domain-0 是 Xen 的管理程序，Xen 的虚拟机是由它来管理的（图 8-4）。

```
[root@gd37 ~]# xm list
Name                              ID Mem(MiB) VCPUs State   Time(s)
Domain-0                           0      406     4 r-----  47091.3
centos5                           31     1535     1 -b----  10297.8
centos5.e2                        32     1535     1 -b----   9307.8
```

图8-4 xm命令

使用 ifcongig 命令可以查看到网络设备的变化，如多了 Xenbr0 等设备，这是 Xen 虚拟机的网桥设备，Xen 虚拟机通过它可以连接网络。

其他命令如下。

进入某个虚拟机的终端：

[root@glnode04 ~]# xm console <domain_id>

使用配置文件启动虚拟机：

[root@glnode04 ~]# xm create <config>

5. 安装Xen虚拟机

安装 Xen 虚拟机有多种方式，可以使用 virt-install 命令或者 virt-manager 进行安装。

1）使用 virt-install 创建 Xen 虚拟机

[root@glnode04 ~]# mkdir /opt/ vm01

[root@glnode04 ~]# cd /opt/ vm01

[root@glnode04~]#　virt-install　-n　vm01-CentOS-5.5　-r　1024　--vcpus=4　-f
vm01-CentOS-5.5.img -s 20 --nographic -l http://10.10.103.14:8088/CentOS/5.5/

virt-install 命令参数解析如图 8-5 所示。

-n m01-CentOS-5.5	#虚拟机的名称，这里我们的名称是 vm01- CentOS-5.5
-r 1024	#虚拟机的最大内存，单位 MB。这里我们的内存是 1G
--vcpus=4	#虚拟机的 CPU 数量，这里我们的数量是 2 个
-f vm01-CentOS-5.5.img	# 虚拟机虚拟硬盘的名称，我们这里用 vm-CentOS-5.5.img
--nographic	#不安装图形界面
-l http://10.10.103.14:8088/CentOS/5.5/	#系统的镜像路径。Xen 只支持 FTP/HTTP/NFS

图8-5　virt-install命令参数

这里"-l"选项后面的系统镜像可以使用已搭建的镜像服务器上的镜像。执行命令后，将进入系统安装界面，和我们安装普通操作系统的操作是一致的。

创建虚拟机完毕，在当前目录下将生成镜像文件 vm01-CentOS-5.5.img；在 /etc/Xen 目录下，生成虚拟机配置文件 vm01-CentOS-5.5，文件内容类似如下。

```
name = "vm01-CentOS-5.5"
uuid = "0283f36d-c95a-521b-737d-e400ca657029"
maxmem = 1024
memory = 1024
vcpus = 4
bootloader = "/usr/bin/pygrub"
on_poweroff = "destroy"
on_reboot = "restart"
on_crash = "restart"
disk = [ "tap:aio:/local/Xen_zkl/vm01-CentOS-5.5/vm01-CentOS-5.5.img,xvda,w" ]
vif = [ "mac=00:16:36:40:43:85,bridge=virbr0,script=vif-bridge" ]
```

启动刚安装的虚拟机：

[root@glnode04 ~]# xm create /etc/Xen/vm01-CentOS-5.5

启动成功后，通过 xm list 即可查看到启动的虚拟机。

2）使用 virt-manager 程序在图形界面中创建 Xen 虚拟机

启动 virt-manager 程序（图 8-6），若已安装该工作，直接在 shell 终端中执行 virt-manager 命令即可。

图8-6　virt-manager界面

6. 使用 Xen 虚拟机

安装完虚拟机后，我们可以使用如下命令进入某个虚拟机：

[root@glnode04 ~]# xm console <domain_id>

或者使用 SSH 来登录虚拟机，之后虚拟机的使用过程和普通机器没有区别。

如果关闭了虚拟机，我们可以使用配置文件重新启动虚拟机：

[root@glnode04 ~]# xm create <config>

8.3 Hadoop和HBase的安装、部署和配置

8.3.1 实验目的

（1）掌握 Linux 基本操作命令。

（2）学习如何安装、配置 Hadoop。

（3）学习如何安装、配置 HBase。

8.3.2 实验内容

1. Linux基本操作命令

本实验的所有操作是基于 CentOS 5 Linux 操作系统的，适用于 CentOS 5.4 和 CentOS 5.5。

Linux 常用基本命令包括：ls、cd、mkdir、rm、man、cat、ssh、yum、vim、vi、mount、umount 等。

2. 安装JDK

Hadoop 是 Java 实现的，运行在 Java 虚拟机上。我们需要安装 JDK 并设置 JAVA 环境变量。

3. 配置各节点间无密码验证

Hadoop 集群的启动需要通过 SSH 启动各从节点，需要配置各节点之间 SSH 无密码验证。

4. 配置和启动Hadoop分布式集群

Hadoop 有三种配置：单击模式、伪分布式模式（单台节点模拟分布式）和分布式模式，本实验是配置真实分布式模式的 Hadoop，需要多态节点支持。

5. 安装、配置和启动HBase

在已经安装和配置好的 Hadoop 平台上安装 HBase 0.9。配置完成后能够启动。

8.3.3 实验要求

实验前需要在若干台物理机或者虚拟机（如 VMware 或者 Xen）上安装好 CentOS 5.4 或者 CentOS 5.5 系统。

8.3.4 实验步骤指导

1. JDK安装和Java环境变量配置

1）安装 JDK 1.6

root 用户登录，下载 JDK 安装包，如 jdk-6u13-linux-i586.bin,复制到目录/usr/下，在命令行进入该目录，执行命令 "./jdk-6u13-linux-i586.bin"，命令运行完毕，将在/usr 目录下生成文件夹 jdk1.6.0_13，安装完毕。

2）Java 环境变量配置

root 用户登录，命令行中执行命令"vi /etc/profile",并加入以下内容，配置环境变量（注意/etc/profile 这个文件很重要，后面 Hadoop 的配置还会用到）。

\# set java environment
export JAVA_HOME=/usr/program/jdk1.6.0_13/

export JRE_HOME=/usr/program/jdk1.6.0_13/jre
export CLASSPATH=.:$JAVA_HOME/lib:$JAVA_HOME/jre/lib
export PATH=$JAVA_HOME/bin:$JAVA_HOME/jre/bin:$PATH

保存并退出，执行以下命令使配置生效。

source   /etc/profile

2. 配置所有节点之间SSH无密码验证

以 A 和 B 两个节点为例，节点 A 要实现无密码公钥认证连接到节点 B 上时，节点 A 是客户端，节点 B 是服务端，需要在客户端 A 上生成一个密钥对，包括一个公钥和一个私钥，而后将公钥复制到服务端 B 上。当客户端 A 通过 ssh 连接服务端 B 时，服务端 B 就会生成一个随机数并用客户端 A 的公钥对随机数进行加密，并发送给客户端 A。客户端 A 收到加密数之后再用私钥进行解密，并将解密数回传给 B，B 确认解密数无误之后就允许 A 进行连接了。这就是一个公钥认证过程，其间不需要用户手工输入密码。重要过程是将客户端 A 公钥复制到 B 上。

因此，如果要实现所有节点之间无密码公钥认证，则需要将所有节点的公钥都复制到所有节点上。

（1）所有节点用 hadoop 用户登录，并执行以下命令，生成 rsa 密钥对：

ssh-keygen -t rsa

这将在/home/Hadoop/.ssh/目录下生成一个私钥 id_rsa 和一个公钥 id_rsa.pub。

（2）将所有 datanode 节点的公钥 id_rsa.pub 传送到 namenode 上：

cp   id_rsa.pub datanode01.id_rsa.pub

scp datanode01.id_rsa.pub namenode 节点 ip 地址:/home/Hadoop/.ssh

……

cp   id_rsa.pub datanoden.id_rsa.pub

scp datanoden.id_rsa.pub namenode 节点 ip 地址:/home/Hadoop/.ssh

（3）namenode 节点上综合所有公钥（包括自身）并传送到所有节点上：

cp id_rsa.pub authorized_keys   这是 namenode 自己的公钥

cat datanode01.id_rsa.pub >> authorized_keys

……

cat datanode0n.id_rsa.pub >> authorized_keys

然后使用 SSH 协议将所有公钥信息 authorized_keys 复制到所有 DataNode 的 .ssh 目录下：

scp authorized_keys data 节点 ip 地址:/home/Hadoop/.ssh

这样配置过后，所有节点之间可以相互 SSH 无密码登录，可以通过命令"ssh 节点 ip 地址"来验证。

配置完毕，在 NameNode 上执行"ssh 本机，所有数据节点"命令，因为 ssh 执行一次之后将不会再询问。

3. Hadoop集群配置

以下操作均在主节点（NameNode）上完成：

使用 root 用户创建/usr/local/hadoop 目录，并将 Hadoop 目录的拥有者修改为 hadoop 用户。

使用 hadoop 用户登录，下载 hadoop-0.20.1.tar.gz，将其解压到/usr/local/hadoop 目录下，目录结构为/usr/local/Hadoop/Hadoop-0.20.1。

（1）使用 root 用户登录，修改主节点的/etc/profile 文件，将所有节点的节点名和对应 IP 加入其中。

```
master
slave1
slave2
```

（2）使用 hadoop 用户登录，修改 Hadoop 的配置文件。

（a）配置 hadoop-env.sh。

```
# set java environment
export JAVA_HOME=/usr/jdk1.6.0_13/
```

（b）配置 core-site.xml。

```xml
<configuration>
<property>
        <name>master.node</name>
        <value>NameNode_主机名</value>
        <description>master</description>
</property>
<property>
        <name>Hadoop.tmp.dir</name>
        <value>/usr/local/Hadoop/tmp</value>
        <description>local dir</description>
</property>
<property>
        <name>fs.default.name</name>
        <value>Hdfs://${master.node}:9000</value>
        <description> </description>
</property>
</configuration>
```

（c）配置 hdfs-site.xml。

```
<configuration>
    <property>
            <name>dfs.replication</name>
            <value>2</value>
```
（replication 是数据副本数量，若不配置该选项，则默认为 3。当节点数量少于 3 时必须配置为比 3 小的数，否则会报错，这里有 2 个节点，配置为 2）
```
    </property>
<property>
        <name>dfs.name.dir</name>
            <value>${Hadoop.tmp.dir}/Hdfs/name</value>
            <description>local dir</description>
</property>
<property>
        <name>dfs.data.dir</name>
        <value>${Hadoop.tmp.dir}/Hdfs/data</value>
        <description>   </description>
</property>
</configuration>
```

（d）配置 mapred-site.xml。

```
<configuration>
<property>
        <name>mapred.job.tracker</name>
        <value>${master.node}:9001</value>
        <description>   </description>
</property>
<property>
        <name>mapred.local.dir</name>
        <value>${Hadoop.tmp.dir}/mapred/local</value>
        <description>   </description>
</property>
<property>
        <name>mapred.system.dir</name>
        <value>/tmp/mapred/system</value>
        <description>Hdfs dir</description>
</property>
</configuration>
```

（e）配置 masters 文件,加入 namenode 的主机名。

```
master
```

（f）配置 slaves 文件, 加入所有 datanode 的主机名。

```
slave1
slave2
```

（3）复制配置好的各文件到所有数据节点上。

root 用户下：

scp /etc/hosts　　　数据节点 ip 地址:/etc/hosts

scp /etc/profile　　　数据节点 ip 地址:/etc/profile

scp -r /usr/jdk-6u13-linux-i586.bin　　　数据节点 ip 地址:/usr/

hadoop 用户下：

在所有数据节点上创建文件夹/usr/local/Hadoop，将 namenode 节点上配置好的 hadoop 所在文件夹/usr/local/Hadoop/Hadoop-0.20.1 复制到所有 datanode 节点上的 /usr/local/hadoop 目录下。

scp -r /usr/local/Hadoop/Hadoop-0.20.1 数据节点 ip 地址: /usr/local/Hadoop。

4. Hadoop集群启动

NameNode 节点上执行：

cd /usr/local/Hadoop/Hadoop-0.20.1

（1）格式化 NameNode：

bin/Hadoop NameNode –format

（2）启动 Hadoop 所有进程：

bin/start-all.sh（或者先后执行 start-dfs.sh 和 start-MapReduce.sh）

可以通过以下启动日志看出，首先启动 NameNode，然后启动 DataNode1、DataNode2，然后启动 Secondary Name Node。再启动 JobTracker，然后启动 TaskTracker1，最后启动 TaskTracker2（图 8-7）。

```
starting namenode, logging to /home/zkl/hadoopinstall/hadoop-0.20.1/bin/../logs/hadoop-zkl-namenode-zkl-ubuntu.out
210.77.9.199: starting datanode, logging to /home/zkl/hadoopinstall/hadoop-0.20.1/bin/../logs/hadoop-zkl-datanode-zkl-ubuntu.out
210.77.9.216: starting datanode, logging to /home/zkl/hadoopinstall/hadoop-0.20.1/bin/../logs/hadoop-zkl-datanode-zkl-ubuntu.out
210.77.9.204: starting secondarynamenode, logging to /home/zkl/hadoopinstall/hadoop-0.20.1/bin/../logs/hadoop-zkl-secondarynamenode-zk
starting jobtracker, logging to /home/zkl/hadoopinstall/hadoop-0.20.1/bin/../logs/hadoop-zkl-jobtracker-zkl-ubuntu.out
210.77.9.199: starting tasktracker, logging to /home/zkl/hadoopinstall/hadoop-0.20.1/bin/../logs/hadoop-zkl-tasktracker-zkl-ubuntu.out
210.77.9.216: starting tasktracker, logging to /home/zkl/hadoopinstall/hadoop-0.20.1/bin/../logs/hadoop-zkl-tasktracker-zkl-ubuntu.out
```

图8-7　Hadoop的启动日志

NameNode 上用 java 自带的小工具 jps 查看进程：

```
# jps
8383 JobTracker
8733 Jps
8312 SecondaryNameNode
8174 NameNode
```

每个 DataNode 上查看进程：

```
# jps
7636 DataNode
7962 Jps
7749 TaskTracker
```

在 NameNode 上查看集群状态：

bin/Hadoop dfsadmin –report

```
Configured Capacity: 16030539776 (14.93 GB)
Present Capacity: 7813902336 (7.28 GB)
DFS Remaining: 7748620288 (7.22 GB)
DFS Used: 65282048 (62.26 MB)
DFS Used%: 0.84%
-------------------------------------------------
Datanodes available: 2 (2 total, 0 dead)
Name: **********
Decommission Status : Normal
Configured Capacity: 8015269888 (7.46 GB)
DFS Used: 32641024 (31.13 MB)
Non DFS Used: 4364853248 (4.07 GB)
DFS Remaining: 3617775616(3.37 GB)
DFS Used%: 0.41%
DFS Remaining%: 45.14%
Last contact: Thu May 13 06:17:57 CST 2010
Name: ***************
Decommission Status : Normal
Configured Capacity: 8015269888 (7.46 GB)
DFS Used: 32641024 (31.13 MB)
Non DFS Used: 3851784192 (3.59 GB)
DFS Remaining: 4130844672(3.85 GB)
DFS Used%: 0.41%
DFS Remaining%: 51.54%
Last contact: Thu May 13 06:17:59 CST 2010
```

通过 Web 方式查看 Hadoop 中 HDFS 节点的状态（图 8-8）：http:// NameNode ip 地址:50070。

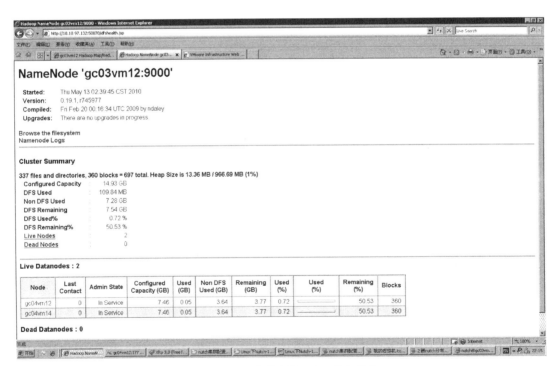

图8-8　Web 方式查看HDFS节点状态

通过 Web 方式查看 MapReduce 工作情况（图 8-9）：http:// NameNode ip 地址:50030。

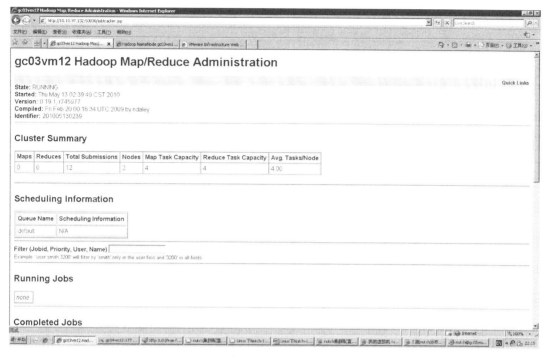

图8-9　Web方式查看MapReduce工作情况

5. HBase 配置和启动

Hbase 的安装是基于 HDFS 的，Hbase 的配置主要涉及 conf 目录下的三个文件：HBase-env.sh，HBase-site.xml，regionserver。

1）HBase-env.sh 配置

（a）必须配置的项目如下：

export JAVA_HOME=/root/jdk1.6.0_25

export HBASE_OPTS="-ea -XX:+UseConcMarkSweepGC
-XX:+CMSIncrementalMode"

export HBASE_MANAGES_ZK=true

export HBASE_CLASSPATH=/usr/local/Hadoop-0.20.1-dev/conf

（b）调优配置项如下：

\# Extra Java CLASSPATH elements.　　Optional.

\# export HBASE_CLASSPATH=

\# The maximum amount of heap to use, in MB. Default is 1000.

\# export HBASE_HEAPSIZE=1000

\# Extra Java runtime options.

\# Below are what we set by default.　　May only work with SUN JVM.

```
# For more on why as well as other possible settings,
# see http://Wiki.apache.org/Hadoop/PerformanceTuning
export HBASE_OPTS="-ea -XX:+UseConcMarkSweepGC
-XX:+CMSIncrementalMode"
# Uncomment below to enable java garbage collection logging.
# export HBASE_OPTS="$HBASE_OPTS -verbose: gc -XX:+PrintGCDetails
-XX:+PrintGCDateStamps -Xloggc:$HBASE_HOME/logs/gc-HBase.log"
# Uncomment and adjust to enable JMX exporting
# See jmxremote.password and jmxremote.access in $JRE_HOME/lib/management to
configure remote password access.
# More details at:
http://java.Sun.com/javase/6/docs/technotes/guides/management/agent.html
# export HBASE_JMX_BASE="-Dcom.Sun.management.jmxremote.ssl=false
-Dcom.Sun.management.jmxremote.authenticate=false"
# export HBASE_MASTER_OPTS="$HBASE_JMX_BASE
-Dcom.Sun.management.jmxremote.port=10101 -javaagent:lib/HelloWorldAgent.jar"
# export HBASE_REGIONSERVER_OPTS="$HBASE_JMX_BASE
-Dcom.Sun.management.jmxremote.port=10102"
# export HBASE_THRIFT_OPTS="$HBASE_JMX_BASE
-Dcom.Sun.management.jmxremote.port=10103"
# export HBASE_ZOOKEEPER_OPTS="$HBASE_JMX_BASE
-Dcom.Sun.management.jmxremote.port=10104"
# File naming hosts on which HRegionServers will run.
$HBASE_HOME/conf/regionservers by default.
# export HBASE_REGIONSERVERS=${HBASE_HOME}/conf/regionservers
# Extra ssh options.    Empty by default.
# export HBASE_SSH_OPTS="-o ConnectTimeout=1 -o
SendEnv=HBASE_CONF_DIR"
# Where log files are stored.    $HBASE_HOME/logs by default.
# export HBASE_LOG_DIR=${HBASE_HOME}/logs
# A string representing this instance of HBase. $USER by default.
# export HBASE_IDENT_STRING=$USER
# The scheduling priority for daemon processes.    See 'man nice'.
# export HBASE_NICENESS=10
# The directory where pid files are stored. /tmp by default.
# export HBASE_PID_DIR=/var/Hadoop/pids
# Seconds to sleep between slave commands.    Unset by default.    This
# can be useful in large clusters, where, e.g., slave rsyncs can
# otherwise arrive faster than the master can service them.
# export HBASE_SLAVE_SLEEP=0.1
```

Tell HBase whether it should manage it's own instance of Zookeeper or not.
　export HBASE_MANAGES_ZK=true
　export HBASE_CLASSPATH=/usr/local/Hadoop-0.20.1-dev/conf

2）HBase-site.xml 配置
```
<?xml version="1.0"?>
<?xml-stylesheet type="text/xsl" href="configuration.xsl"?>
<configuration>
<property>
<name>HBase.rootdir</name>
<value>Hdfs://hadoopNN00:9000/HBase</value>
<description>The directory shared by region servers.</description>
</property>
<property>
<name>HBase.master.port</name>
<value>60000</value>
</property>
<property>
<name>HBase.cluster.distributed</name>
<value>true</value>
</property>
<property>
<name>HBase.zookeeper.property.dataDir</name>
<value>/usr/local/HBase/zookeeper</value>
</property>
<property>
<name>HBase.zookeeper.property.clientPort</name>
<value>2181</value>
</property>
<property>
<name>HBase.zookeeper.quorum</name>
<value>192.168.11.16,192.168.11.18,192.168.11.20</value>
</property>
</configuration>
```
　　其中，HBase.rootdir 这一项的配置必须与 HDFS 的 fs.name.default 项一致，还要为 HBase 指定根目录/HBase。
```
<property>
<name>HBase.rootdir</name>
<value>Hdfs://hadoopNN00:9000/HBase</value>
<description>The directory shared by region servers.</description>
```

</property>

3）Regionserver 的配置

192.168.11.16

192.168.11.18

192.168.11.20

配置完毕后将 HBase 复制到各个机器中的相同目录下。

启动 HBase。在 192.168.11.12 上启动 hbase 集群：bin/start-HBase.sh，首先启动的是 zookeeper，再是 master，最后是 HRegionserver。

8.4 MapReduce编程

8.4.1 实验目的

（1）掌握 MapReduce 编程基本思想。

（2）学习如何编写 MapReduce 程序。

8.4.2 实验内容

（1）熟悉 Hadoop 开发包。

（2）编写 MapReduce 程序。

（3）调试和运行 MapReduce 程序。

（4）完成布置的作业。

8.4.3 实验要求

实验要求已成功部署 Hadoop 分布式计算平台（至少是两台节点），调试和运行 MapReduce 程序需要使用 Hadoop 平台。Hadoop 可以部署在物理机 Linux 系统上，Xen 虚拟机 Linux 系统上。若已成功配置 Xen 虚拟机，请在 Xen 虚拟机上搭建 Hadoop。

MapReduce 程序的开发可以在 Windows 或者 Linux 系统下完成。本实验中的 MapReduce 程序可以使用 Java、C++或其他语言编写（Java 直接调用 Hadoop API，C++ 可以使用 Hadoop 管道来编写，其他语言可以使用 Hadoop 流机制）。

注：只需要任选一种方式编写 MapReduce 程序，三种方式没有任何优先级。

本实验指导书只简单介绍如何使用 Java 语言来编写 MapReduce 程序，其他方式的实现请查阅相关资料。本实验要求已安装 Eclipse 或者其他 Java 开发工具。

8.4.4 实验步骤指导

1. 在eclipse中引入Hadoop开发包

Hadoop 开发包主要位于 Hadoop release 版本的主目录或者 lib 目录下，以 Hadoop-0.20.1 为例，其开发包如下（图 8-10、8-11 各个版本的相关包名字均相同，只是版本号有所差别）。

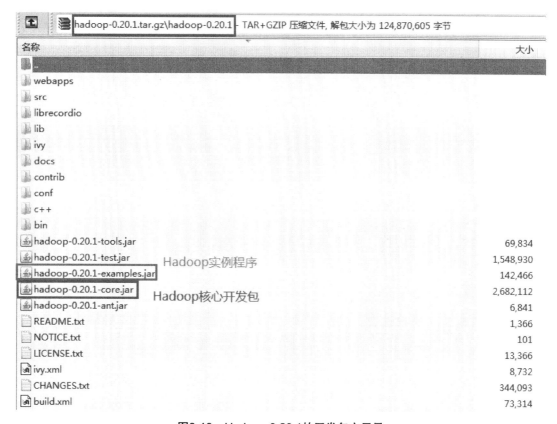

图8-10　Hadoop-0.20.1的开发包主目录

名称	大小
..	
native	
jsp-2.1	
jdiff	
xmlenc-0.52.jar	15,010
slf4j-log4j12-1.4.3.jar	8,601
slf4j-api-1.4.3.jar	15,345
servlet-api-2.5-6.1.14.jar	132,368
oro-2.0.8.jar	65,261
log4j-1.2.15.jar	391,834
kfs-0.2.2.jar	11,428
junit-3.8.1.jar	121,070
jetty-util-6.1.14.jar	163,121
jetty-6.1.14.jar	516,429
jets3t-0.6.1.jar	321,806
jasper-runtime-5.5.12.jar	76,698
jasper-compiler-5.5.12.jar	405,086
hsqldb-1.8.0.10.jar	706,710
core-3.1.1.jar	3,566,844
commons-net-1.4.1.jar	180,792
commons-logging-api-1.0.4.jar	26,202
commons-logging-1.0.4.jar	38,015
commons-httpclient-3.0.1.jar	279,781
commons-el-1.0.jar	112,341
commons-codec-1.3.jar	46,725
commons-cli-1.2.jar	41,123

图8-11　Hadoop-0.20.1的开发包lib目录

在这些 Jar 包中，Hadoop-0.20.1-core.jar 是开发 Hadoop 程序所必须的，其中封装了 Hdfs/MapReduce 的各种操作。在开发 Hadoop 程序时，所有相关的类和方法在这些包中均能找到，在开发程序时如果不清楚哪些函数在哪个包中，可以将所有的包添加到工程的 lib 当中。

下面以 eclipse 为例，介绍如何开发 MapReduce 程序，在本实验中，实例程序只需要 hadoop-0.20.1-core.jar 和 commons-cli-1.2.jar 两个包。

首先可以在 eclipse 中新建一个工程，如 MapReduce_Hadoop-0.20.1，然后在工程中引入 Hadoop 开发包。可以按以下步骤引入相关包：右键工程—> Build Path—>Configure Build Path，然后通过添加 Jars 引入相关包（图 8-12 ）。

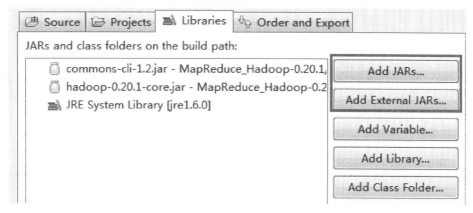

图8-12　在eclipse工程中加入Hadoop开发包

添加库成功后,在工程中的 Referenced Libraries 中可以查看到这些jar包(图 8-13)。

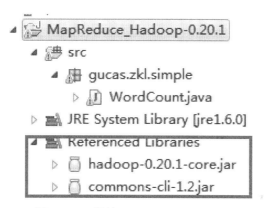

图8-13　工程的Referenced Libraries

2. 编写MapReduce程序

下面是 WordCount 程序的另一个实例,用户需要实现两个类:一个类继承 Mapper 类并覆盖其中的 map 方法,一个类继承 Reducer 类并覆盖其中的 reduce 方法,如下面的 TokenizerMapper 类和 IntSumReducer 类。

然后用户需要通过相关方法指定 TokenizerMapper 类和 IntSumReducer 类分别为 map 类和 reduce 类,在该实例中还设置了 combiner 类(combiner 不是必须的,有些场合不能设置 combiner 操作)。此外,还设置了输入 Key 和 Value 的类型,输出 Key 和 Value 的类型。同时,最重要的是需要设置输入数据和输出数据的路径,一般该路径指向的是一个 HDFS 上的一个目录,详细设置见 main 方法。更多请参考《Hadoop 权威指南》第 5 章 MapReduce 应用开发。

```
package gucas.zkl.simple;
import java.io.IOException;
import java.util.StringTokenizer;
import org.apache.Hadoop.conf.Configuration;
```

```
import org.apache.Hadoop.fs.Path;
import org.apache.Hadoop.io.IntWritable;
import org.apache.Hadoop.io.Text;
import org.apache.Hadoop.MapReduce.Job;
import org.apache.Hadoop.MapReduce.Mapper;
import org.apache.Hadoop.MapReduce.Reducer;
import org.apache.Hadoop.MapReduce.lib.input.FileInputFormat;
import org.apache.Hadoop.MapReduce.lib.output.FileOutputFormat;
import org.apache.Hadoop.util.GenericOptionsParser;
public class WordCount {
  public static class TokenizerMapper
        extends Mapper<Object, Text, Text, IntWritable> {
    private final static IntWritable one = new IntWritable(1);
    private Text word = new Text( );
    private IntWritable map_count= new IntWritable( );
    /**
      * map 方法每次处理一个 Key-Value 对,一个 map 任务有多个 Key-Value 对
      * map 方法被 Mapper 类的 run 方法调用多次,所有结果数据都被收集到 context 中
      * @param key, value, context 输入参数 key-value 由框架自动处理
      *        key 是文本的行号,value 是行的内容
      */
    public void map(Object key, Text value, Context context
                      ) throws IOException, InterruptedException {
      StringTokenizer itr = new StringTokenizer(value.toString( ));
      while (itr.hasMoreTokens( )) {
        word.set(itr.nextToken( ));
        context.write(word, one);
      }
    }
  }
  public static class IntSumReducer
        extends Reducer<Text,IntWritable,Text,IntWritable> {
    private IntWritable result = new IntWritable( );
    /**
      * reduce 方法每次处理一个 Key-Value 对,一个 reduce 任务有多个 Key-Value 对
      * reduce 方法被 Reducer 类的 run 方法调用多次,所有结果数据都被收集到 context 中,输出
Key-Value 对
      * @param key, value, context 输入参数 key-values 由框架自动处理
      *        每个 key 对应的 value 是一个向量
      */
    public void reduce(Text key, Iterable<IntWritable> values,
                      Context context
                      ) throws IOException, InterruptedException {
      int sum = 0;
      for (IntWritable val : values) {
        sum += val.get();
      }
      result.set(sum);
      context.write(key, result);
    }
  }
  public static void main(String[] args) throws Exception {
    Configuration conf = new Configuration();
    String[] otherArgs = new GenericOptionsParser(conf, args).getRemainingArgs();//获取命令行参数
    if (otherArgs.length != 2) {
      System.err.println("Usage: WordCount <in> <out>");
      System.exit(2);
```

```
    }
Job job = new Job(conf, "word count");
job.setNumReduceTasks(1);//设置 reduce 个数
    job.setJarByClass(WordCount.class);
    job.setMapperClass(TokenizerMapper.class);
    job.setCombinerClass(IntSumReducer.class); // 可选的
    job.setReducerClass(IntSumReducer.class);
    job.setOutputKeyClass(Text.class); // 设置输出 Key 的类型
    job.setOutputValueClass(IntWritable.class); // 设置输出 Value 的类型
    FileInputFormat.addInputPath(job, new Path(otherArgs[0])); //设置输入数据的 hdfs 路径
    FileOutputFormat.setOutputPath(job, new Path(otherArgs[1])); //输出数据的 hdfs 路径
    System.exit(job.waitForCompletion(true) ? 0 : 1);
    }
}
```

3. 打包MapReduce程序

MapReduce 程序是以 jar 包的形式在 Hadoop 集群上运行的，编写完 MapReduce 程序后需要将整个打成一个 jar 包。在 eclipse 中，可以安装一个打包插件 fat jar，安装过程可以参考 http://blog.csdn.net/zklth/article/details/5998365。

安装好插件后，可以右键工程，选择 build fat jar，打开 Configure Fat Jar 窗口。首先需要选择 Main 函数所在类以及 jar 文件存放的目录（图 8-14）。

图8-14　选择Main函数所在类以及jar文件存放的目录

　　设置完毕后，点击下一步操作，选择需要打包的相关文件（图 8-15），这里 hadoop-0.20.1-core.jar 和 commons-cli-1.2.jar 可以不选择。

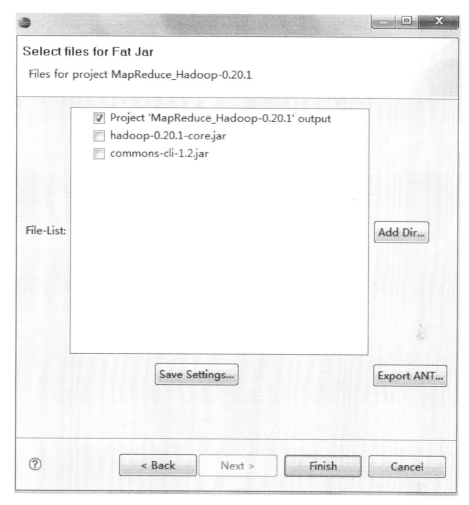

图8-15　选择需要打包的文件

点击完成，将生成 jar 文件，如 MapReduce_Hadoop-0.20.1_fat.jar。

4. 调试和运行MapReduce程序

MapReduce 程序需要运行于 Hadoop 集群上，在开发调试时，我们可以先拿少量数据进程测试，当开发完毕后，再使用大数据量来进程测试。一般情况下，建议用户配置一个伪分布式的 Hadoop 来进行开发测试。下面是本实例程序的运行步骤。

（1）复制打好的包 MapReduce_Hadoop-0.20.1_fat.jar 到某目录下，如/opt/Hadoop-0.21.0/目录下。

（2）复制数据到 HDFS 中，本实例程序有两个参数：一个是输入数据的路径，一个输出数据的路径，这两个路径一般都是指向 HDFS 中的某个目录。一般要求运行程序之前，输出目录不能存在，否则会报错。这里首先将部分测试数据复制到 HDFS 中，如/root/wc_in 目录下有若干输入文件，再按如下步骤操作。

（a）复制 wc_in 目录到 HDFS 中，并重命名为 wc。

（b）root@gd36 Hadoop-0.21.0# bin/Hadoop fs -copyFromLocal /root/wc_in wcin。

（c）查看是否复制成功。

（d）root@gd36 Hadoop-0.21.0# bin/Hadoop fs –ls。

（e）删除 wcout 目录（若 HDFS 中无此目录，不会报错）。

（f）root@gd36 Hadoop-0.21.0# bin/Hadoop fs -rmr wcout。

（3）运行 MapReduce 程序。使用如下命令来运行 MapReduce 程序（图 8-16）：

root@gd36 Hadoop-0.21.0# bin/Hadoop jar MapReduce_Hadoop-0.20.1_fat.jar wcin wcout

```
root@gd36 hadoop-0.21.0# bin/hadoop jar MapReduce_Hadoop-0.20.1_fat.jar wcin wcout
11/10/26 20:05:08 INFO mapreduce.JobSubmitter: number of splits:5
11/10/26 20:05:08 INFO mapreduce.JobSubmitter: adding the following namenodes' dele
11/10/26 20:05:08 INFO mapreduce.Job: Running job: job_201110101101_0090
11/10/26 20:05:09 INFO mapreduce.Job:   map 0% reduce 0%
11/10/26 20:05:16 INFO mapreduce.Job:   map 20% reduce 0%
11/10/26 20:05:17 INFO mapreduce.Job:   map 80% reduce 0%
11/10/26 20:05:18 INFO mapreduce.Job:   map 100% reduce 0%
11/10/26 20:05:24 INFO mapreduce.Job:   map 100% reduce 25%
11/10/26 20:05:25 INFO mapreduce.Job:   map 100% reduce 37%
11/10/26 20:05:26 INFO mapreduce.Job:   map 100% reduce 75%
11/10/26 20:05:27 INFO mapreduce.Job:   map 100% reduce 100%
11/10/26 20:05:29 INFO mapreduce.Job: Job complete: job_201110101101_0090
11/10/26 20:05:29 INFO mapreduce.Job: Counters: 34
```

图8-16 运行MapReduce程序

运行完毕，将在 HDFS 上生成一个 wcout 目录，在目录中将生成多个以 part-r-****
命名的文件（一般设置了多少个 reduce 就会产生多少个输出文件）。可以将其复制到本
地，查看输出数据，如图 8-17 所示。

```
root@gd36 hadoop-0.21.0# bin/hadoop fs -copyToLocal wcout wcout
root@gd36 hadoop-0.21.0# cd wcout/
root@gd36 wcout# ls
part-r-00000  _SUCCESS
root@gd36 wcout# cat part-r-00000
about     5
am        5
fine      5
hello     10
i         5
ok        5
thank     5
thanks    5
what      5
word      5
you       10
zkl       5
```

图8-17　运行结果输出

注意：本实例程序中设置 Reduce task 数量为 1，只是为了测试方便。一般情况下，在 MapReduce 程序中会有多个 Reduce task，这样可以提高性能。如果需要进一步处理，上一次的输出可以继续作为下一次的输入做进一步处理。

8.4.5 实训作业

搜索引擎一般会有一个日志文件来记录所有用户的查询，当有一个用户使用搜索引擎进行搜索时，日志文件会记录这样一条记录：（搜索日期和时间、搜索关键字、用户 IP）。由于搜索引擎用户量较大，这个日志文件往往很大，一般可以存放在分布式文件系统，如 HDFS 中。分析这个日志文件，我们可以得到搜索引擎在近一段时间内的热点词（即搜索较多的词，如一天内搜索次数最多的 50 个关键词，也即日志文件中出现次数最多的 50 个搜索关键字）。

请使用 HDFS 接口来自动生成这样一个日志文件（），日志文件中每行的内容要求是如下格式：

日期	时间	关键词	IP 地址
2011-10-26	06:11:35	云计算	210.77.23.12
2011-10-26	06:11:45	Hadoop	210.77.23.12

注意：记录中日期、时间、IP 地址必须是有效的，即不能出现-1.-1.-1.-2 这样的 IP 地址（随机数即可产生有效的 IP）。关键词可以是任意词，不需要保证必须有意义，只需要是一个字符串即可，中英文都可以（可以随机产生）。

编写 MapReduce 程序对日志文件做分析，找出日志文件中的热点词，即出现次数最多的 50 个关键词。

要求将结果输出在文件中，文件中的每行记录是：关键词 出现次数。文件从前到后，关键词是按次数从多到小排序的，例如：

```
云计算 5980
并行计算 5976
分布式 5878
```

附：写入数据到 HDFS 的实例程序

```java
package gucas.zkl.simple;
import java.io.IOException;
import org.apache.Hadoop.conf.Configuration;
import org.apache.Hadoop.fs.FSDataInputStream;
import org.apache.Hadoop.fs.FSDataOutputStream;
import org.apache.Hadoop.fs.FileSystem;
import org.apache.Hadoop.fs.Path;
import org.apache.Hadoop.io.IOUtils;
public class DFSOperator {
/**
 * @author zkl
 * Write data to HDFS
 */
public static void main(String args[ ]){
Configuration conf=new Configuration();
try{
System.out.println("write to Hdfs");
FileSystem fs=FileSystem.get(conf);
Path f=new Path("wcin/search.log");//在 HDFS 上创建 wcin 目录,并创建 search.log 文件
FSDataOutputStream out=fs.create(f,true);
for(int i=0;i<10000;i++){
out.writeChars("Hello "+i+"\n");
}
out.close( );
System.out.println("write finished,it produced a file: "+f.toString( ));

//读取 HDFS 中的文件
System.out.println("read the file: "+f.toString( ));
FSDataInputStream in=fs.open(f);
IOUtils.copyBytes(in, System.out, 4096,false);
System.out.println("read finished!");
IOUtils.closeStream(out);
}catch(IOException e){
e.printStackTrace( );
}
}
}
```

运行方式：首先打成 jar 包，然后使用 Hadoop 命令执行程序，如：

root@gd36 Hadoop-0.21.0# bin/Hadoop jar HDFS_WR.jar

8.5 SaaS应用编程

8.5.1 实验目的

（1）掌握 SaaS 应用的基本原理和 SaaS 的成熟度模型。

（2）学会编写简单的 SaaS 模式的应用程序。

8.5.2 实验内容

1．熟悉SaaS的成熟度模型

SaaS 架构的应用程序应该至少满足以下三个特点中的一个或多个。

（1）可扩展性：指能最大限度提高并行性，以便更高效地利用应用资源。

（2）可配置性：指让每个客户能用元数据配置应用的外观和行为，同时保证配置的使用简易和零费用。

（3）多用户高效性：指能最大化不同用户间的资源共享，但要区分不同用户的数据。

根据是否满足这些特点，可以将 SaaS 分为四级成熟度模型。

（1）成熟度Ⅰ：如应用程序提供商（ASP）提供的模式，每一个用户运行一个不同的实例。

（2）成熟度Ⅱ：所有的用户提供相同的实例。但是在这个模式下，实例具有可配置性，用户可以根据自己的需要配置自己运行的实例。

（3）成熟度Ⅲ：这种模式具有可配置性及多用户（多租户）效率，所有的用户运行在同一个实例下。

（4）成熟度Ⅳ：这种模式下，供应商在负载平衡的服务器群上为不同的顾客提供服务。

2．编写SaaS模式的应用程序

编写满足成熟度模型Ⅲ的 SaaS 程序，即满足可扩展、可配置、多租户这三个条件。

注：本实验只要求设计成功可配置、多租户的应用软件即可。

8.5.3 实验要求

要求用户了解 SaaS 的四级成熟度模型，能够设计可配置、多租户的应用软件。

8.5.4 实验步骤指导

1. 设计可配置的应用软件

SaaS 软件可以有很多功能，不同的用户可以有定制自己需要的功能。例如，最简单的情况下，A 用户需要使用功能 a、功能 b 和功能 c，而 B 用户需要使用功能 c、功能

d 和功能 e；复杂一点的情况，A 用户在使用功能 a 时，需要按其规定的一些规则去运行，而 B 用户在使用功能 b 时，需要按他的一套规则去运行。例如，在人力资源管理系统的工资结算中，A 公司的工资涉及考勤和加班，总工资=基本工资+考勤情况+加班情况，而 B 公司的工资不涉及考勤和加班，只涉及绩效，总工资=基本工资+绩效情况，在这种情况下，A 公司和 B 公司需要针对各自的工资结算去配置软件中的工资结算这一模块。

2. 设计多租户的应用软件

SaaS 软件允许多个用户使用，每个用户只需要注册后按一定费用租用软件即可，当租期过了后，用户不需要再使用软件。SaaS 软件中，不同用户使用软件不会相互干扰，各自的数据空间是独立的，但是各用户又共享一些资源，如软件的功能模块等。设计 SaaS 软件时，需要用户区分哪些是用户私有的数据，哪些是共享数据。

8.5.5 实训作业

实现一个 SaaS 架构的人力资源管理系统，软件采用 B/S 模式设计，主要包括：员工录入、员工考勤、合同管理、员工休假、工资结算和员工解聘等功能。

（1）满足多租户：该软件允许多个用户同时使用，各个用户之间互不干扰。

（2）满足可配置：该软件允许不同用户定制不同的功能，如 A 用户只需要其中的员工录入、员工考勤、工资结算和员工解聘功能，B 用户需要员工录入、合同管理、工资结算和员工解聘等功能。此外，员工考勤对于不同用户，考勤制度可能不一样，例如，A 公司是从上午 9 点到下午 5 点，每周需要上 5 天班，B 公司是从上午 8 点到下午 6 点，需要上 6 天班；对于工资结算，不同公司的计算公式也可能不一样。

（3）实现语言不限，可以使用.net、j2ee、php 任意一种技术实现。

8.6 Nutch安装、部署和主题搜索

8.6.1 实验目的

学习使用 Nutch 搭建搜索引擎。

8.6.2 实验内容

（1）配置 Nutch 分布式集群。

（2）使用 Nutch 来做爬虫和索引。

8.6.3 实验要求

实验前需要在若干台物理机或者虚拟机(如 VMware 或者 Xen)上已搭建好 Hadoop。

8.6.4 实验步骤

1. 搭建 Hadoop 集群

Nutch 是基于 Hadoop 的一个应用，Nucth 的爬虫、解析和索引都是 MapReduce 程序，Nutch 的爬虫数据和索引数据都是存储在 HDFS 中。

Nutch 中已包含了 Hadoop,配置 Hadoop 时只需配置 nutch 主目录中 conf 目录下的文件，和配置 Hadoop 的操作一样。

2. 为 Nutch 添加中文分词功能

Nutch 默认不支持中文分词，用户需要通过重新编译源码的方式或者添加插件的形式为其添加中文分词功能，如为 Nutch 添加 IKAnalyzer 中文分词。后续的步骤都是在已经添加了中文分词功能的 Nutch 的基础上来完成的。

3. 配置 Nutch

（1）配置所有节点上的 conf/nutch-site.xml 文件 :

```
<?xml version="1.0"?>
<?xml-stylesheet type="text/xsl" href="configuration.xsl"?>
<!-- Put site-specific property overrides in this file. -->
<configuration>
<property>
  <name>http.agent.name</name>
  <value>nutch-1.0</value>
  <description>爬虫和搜索此参数必须配置</description>
</property>
</configuration>
```

（2）配置所有节点上的 conf/crawl-urlfilter.txt 文件

```
# skip file:, ftp:, & mailto: urls
-^(file|ftp|mailto):
# skip image and other suffixes we can't yet parse
-\.(gif|GIF|jpg|JPG|png|PNG|ico|ICO|css|sit|eps|wmf|zip|ppt|mpg|xls|gz|rpm|tgz|mov|MOV|exe|jpeg|JPEG|bmp|BMP)$
# skip urls containing certain characters as probable queries, etc.
-[?*!@=]
# skip urls with slash-delimited segment that repeats 3+ times, to break loops
-.*(/[^/]+)/[^/]+\1/[^/]+\1/
# accept hosts in MY.DOMAIN.NAME
# 允许下载所有
+^
# skip everything else
-.
```

4. 使用 Nutch 抓取互联网数据

Nutch 的爬虫命令是 :

bin/nutch Crawl <urlDir> [-dir d] [-threads n] [-depth i] [-topN N]

其中的 <urlDir> 参数是入口地址文件或其所在的目录，启动了集群进行分布式爬虫时，这个目录必须是 HDFS 中的目录，爬虫完毕将在 HDFS 中生成存有爬下来的数据的目录[-dir d]。

（1）入口地址文件。在本地磁盘中新建一个文件，写入一个入口 url，然后将其复制到 HDFS 中，使用如下命令：

bin/Hadoop dfs -copyFromLocal crawltest/urls urls

（2）爬虫测试。在 NameNode、DataNode 或者与集群网络连通的安装 Hadoop 或者 Nutch，并且 hadoop-site.xml 配置相同的客户机上上均可使用如下命令分布式爬虫：

bin/nutch crawl urls -dir data -depth 3 -topN 10

爬虫完毕，hdfs 中生成 data 目录，data 目录下面有这些子目录：crawldb、index、indexes、linkdb、segments。

5. 搭建Nutch Web搜索系统

Nutch 的爬虫和搜索可以说是分离的两块，爬虫可以是 M/R 作业，但搜索不是 M/R 作业。搜索有两种方式：一是将爬虫数据（或称索引数据）放在本地硬盘，进行搜索。二是直接搜索 HDFS 中的爬虫数据。

Nutch 自带了一个 Web 前端检索程序，即主目录下的 nutch-x.x.war，实现 Web 前端检索时需要安装 Tomcat，执行应用程序。

（1）将 HDFS 中生成的存储爬虫数据的 data 目录复制到本地，如复制到/opt 目录下：

bin/Hadoop fs –copyToLocal data /opt。

（2）安装 Tomcat，如安装在/opt 目录下，然后启动 Tomcat 服务。

（3）将 Nutch 主目录下的 Web 前端程序 nutch-*.*.war 复制到 /opt/ tomcat/webapps/ 目录下。

（4）浏览器中输入 http://localhost:8080/nutch-*.*，将自动解压 nutch-*.*.war，在 webapps 下将生成 nutch-1.0 目录。这里假设 Tomcat 端口配置的是 8080。

（5）配置 Web 前端程序中的 nutch-site.xml 文件，该文件所在目录是 /opt/tomcat/webapps/nutch-*.*/Web-INF/classes/下，配置如下：

```
<property>
   <name>http.agent.name</name>     不可少，否则无搜索结果
   <value>nutch-1.0</value>
   <description>HTTP 'User-Agent' request header.</description>
</property>
<property>
   <name>searcher.dir</name>
   <value>/opt/data< alue>    data 是爬虫生成的索引数据目录。参数值请使用绝对路径
   <description>Path to root of crawl.</description>
</property>
```

（6）重启 Tomcat。更改配置文件后必须重启 Tomcat，否则不会生效。

（7）在 http://localhost:8080/nutch-1.0 下检索关键字（图 8-18）。

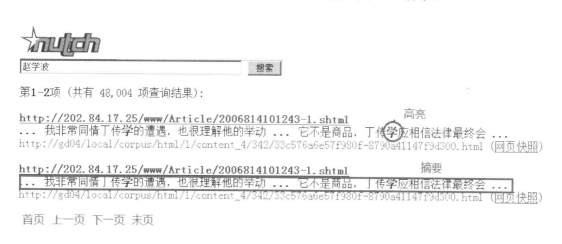

图8-18　在Nutch上检索关键字举例

8.6.5 实训作业

使用 Nucth 抓取局域网内的网页，如 http://www.gucas.ac.cn/，并建立索引，实现对抓取数据的搜索。修改搜索结果界面，添加"首页、上一页、下一页、最后一页"功能，将搜索结果中的高亮修改为红色，最后的搜索页面类似如图 8-19 所示。

图8-19　最后的搜索输出页面

8.7　本章小结

本章介绍了几个云计算的基础实验项目，涵盖虚拟化、Hadoop、MapReduce 等云计算的关键技术，可以帮助读者快速地掌握云计算服务的使用，以及基于云计算的程序开发。

参考文献

[1]   刘鹏. 云计算[M].第二版. 北京: 电子工业出版社, 2011.

[2]   更多Google产品. http://www.google.com.hk/intl/zh-CN/options/.

[3]   Rayfile. http://www.Rayfile.com/zh-cn/.

[4]   纳米盘. http://www.namipan.cc/.

[5]   QQ网盘. http://disk.qq.com/.

[6]   搜狗云输入法. http://pinyin.sogou.com/cloud/.

[7]   韩燕波, 赵卓峰, 王桂玲.. 物联网与云计算[J]. 中国计算机学会通讯, 2010, (2):58-62.

[8]   软件架构. http://zh.wikipedia.org.

[9]   罗军舟, 金嘉晖, 宋爱波, 等. 云计算: 体系架构与关键技术[J]. 通信学报, 2011, 32 (7):3-19.

[10]   Peter Mell, Timothy Grance. The NIST Definition of Cloud Computing. NIST, September 2011.

[11]   Facebook server count: 60 000 or more. http://www. datacen-terknowledge.com/archives/ 2010/06/28/Facebook server count 60000 or more/. 2011.

[12]   Google investor relations[EB/OL]. http://investor.google.com/financial. 2011.

[13]   GREENBERG A, HAMILTON J R, JAIN N, et al. VL2: a scalable and flexible data center network[A]. SIGCOMM'09[C]. Barcelona, Spain: ACM, 2009:51-62.

[14]   MYSORE R N, PAMBORIS A, FARRINGTON N, et al. PortLand: a scalable fault-tolerant layer 2 data center network fabric[A]. SIG-COMM'09[C]. Barcelona, Spain: ACM, 2009:39-50.

[15]   GUO C, WU H, TAN K, et al. DCell: a scalable and fault-tolerant network structure for data centers[A]. SIGCOMM'08[C]. Seattle, WA, USA: ACM, 2008:75-86.

[16]   GUO C, LU G, LI D, et al. BCube: a high performance, server-centric network architecture for modular data centers[A]. SIGCOMM'09[C]. Barcelona, Spain: ACM, 2009:63-74.

[17]   HOELZLE U, BARROSO L A. The Datacenter as a Computer: An Introduction to the Design of Ware-house-Scale Machines[M]. 1st ed. Morgan and Claypool Publishers, 2009.

[18]   NATHUJI R, SCHWAN K. VirtualPower: coordinated power management in virtualized enterprise sys-tems[A]. SOSP '07[C]. New York, NY, USA: ACM, 2007:265-278.

[19]   PALLIPADI V, STARIKOVSKIY A. The ondemand governor: past, present and future[A]. Proceedings of Linux Symposium[C]. 2006:223-238.

[20]   RAO L, LIU X, LE XIE, et al. Minimizing electricity cost: optimization of distributed internet data centers in a multi-electricity-market environment[A]. INFOCOM'10[C]. San Diego, California, USA: IEEE Press, 2010:1145-1153.

[21]   SAMADIANI E, JOSHI Y, MISTREE F. The Thermal Design of a Next Generation Data Center: a Con-

ceptual Exposition[Z]. 2007:93-102.

[22] CHEN G, HE W, LIU J, et al. Energy-aware server provisioning and load dispatching for connection-intensive internet services[A]. NSDI'08[C]. Berkeley, CA, USA: USENIX Association, 2008:337-350.

[23] About virtual machine templates[EB/OL]. http://technet. microsoft.com/en-us/library/ bb740838. aspx, 2011.

[24] VRABLE M, MA J, CHEN J, et al. Scalability, fidelity, and containment in the Potemkin virtual honey-farm[A]. SOSP'05[C]. Brighton, United Kingdom: ACM, 2005:148-162.

[25] ANDR H, LAGAR-CAVILLA S, WHITNEY J A, et al. SnowFlock: virtual machine cloning as a first-class cloud primitive[J]. ACM Trans Comput Syst, 2011, 29(1): 1-45.

[26] CLARK C, FRASER K, HAND S, et al. Live migration of virtual machines[A]. NSDI'05[C]. USENIX Association, 2005 :273-286.

[27] HIROFUCHI T, NAKADA H, OGAWA H, et al. A live storage migration mechanism over wan and its performance evaluation[A]. VTDC'09[C]. Barcelona, Spain: ACM, 2009:67-74.

[28] CULLY B, LEFEBVRE G, MEYER D, et al. Remus: high availability via asynchronous virtual machine replication[A]. NSDI'08[C]. San Francisco, California: USENIX Association, 2008:161-174.

[29] http://www.Xen.org/ .

[30] PIKE R, DORWARD S, GRIESEMER R, et al. Interpreting the Data: Parallel Analysis with Sawzall[J]. Scientific Programming Journal, 2005, 13(4): 227-298.

[31] OLSTON C, REED B, SRIVASTAVA U, et al. Pig latin: a not-so-foreign language for data processing[A]. SIGMOD'08[C]. New York, NY, USA: ACM, 2008:1099-1110.

[32] EKANAYAKE J, LI H, ZHANG B, et al. Twister: a runtime for iterative MapReduce[A]. HPDC'10[C]. Chicago, Illinois: ACM, 2010:810-818.

[33] YANG H, DASDAN A, HSIAO R, et al. Map-reduce-merge: simplified relational data processing on large clusters[A]. SIGMOD'07[C]. New York, NY, USA: ACM, 2007:1029-1040.

[34] WANG Y, SONG A, LUO J. A MapReduceMerge-based Data Cube Construction Method[Z]. 2010:1-6.

[35] XIONG R, LUO J, SONG A, et al. QoS preference-aware replica selection strategy using MapReduce-based PGA in data grids[A]. ICPP'11[C].Taipei, Taiwan, China.

[36] VERMA A, LLOR X, GOLDBERG D E, et al. Scaling genetic algorithms using MapReduce[A]. ISDA'09[C]. IEEE Computer Society, 2009:13-18.

[37] ISARD M, BUDIU M, YU Y, et al. Dryad: distributed data-parallel programs from sequential building blocks[A]. EuroSys'07[C]. Lisbon, Portugal: ACM, 2007 :59-72.

[38] YU Y, ISARD M, FETTERLY D, et al. DryadLINQ: a system for general-purpose distributed data-parallel computing using a high-level language[A]. OSDI'08[C]. San Diego, California: USENIX Association, 2008:1-14.

[39] Microsoft Azure[EB/OL]. http://www.microsoft.com/windowsazure/. 2011.

[40] GHEMAWAT S, GOBIOFF H, LEUNG S. The Google file system[A]. SOSP'03[C]. Bolton Landing, NY, USA: ACM, 2003:29-43.

[41] CHANG F, DEAN J, GHEMAWAT S, et al. BigTable: a distributed storage system for structured data[J]. ACM Trans Comput Syst, 2008, 26(2): 1-26.

[42] DECANDIA G, HASTORUN D, JAMPANI M, et al. Dynamo: amazon's highly available key-value

store[A]. SOSP'07[C]. Stevenson, Washington, USA: ACM, 2007:205-220.

[43] ELTABAK M Y, TIAN Y, OZCAN F, et al. CoHadoop: flexible data placement and its exploitation in Hadoop[A]. Proc VLDB Endowment[C]. 2011.

[44] 郑湃，崔立真，王海洋等. 云计算环境下面向数据密集型应用的数据布局策略与方法[J]. 计算机学报. 2010(8): 1472-1480. ZHENG P, CUI L Z,WANG H Y, et al. A data placement strategy for data-intensive applications in cloud[J]. Chinese Journal of Computers,2010(8):1472-1478.

[45] FISCHER M J, SU X, YIN Y. Assigning tasks for efficiency in Hadoop: extended abstract[A]. SPAA'10[C]. New York, NY, USA: ACM, 2010:30-39.

[46] JIN J, LUO J, SONG A, et al. BAR: an efficient data locality driven task scheduling algorithm for cloud computing[A]. CCGRID'11[C]. Newport Beach, CA, USA: IEEE Computer Society, 2011:295-304.

[47] ZAHARIA M, BORTHAKUR D, SEN SARMA J, et al. Delay scheduling: a simple technique for achieving locality and fairness in cluster scheduling[A]. EuroSys'10[C]. New York, NY, USA: ACM, 2010:265-278.

[48] ISARD M, PRABHAKARAN V, CURREY J, et al. Quincy: fair scheduling for distributed computing clusters[A]. SOSP '09[C]. New York, NY, USA: ACM, 2009:261-276.

[49] ZAHARIA M, KONWINSKI A, JOSEPH A D, et al. Improving MapReduce performance in heterogeneous environments[A]. OSDI'08[C]. Berkeley, CA, USA: USENIX Association, 2008:29-42.

[50] STANTCHEV V, SCHR O PFER C. Negotiating and Enforcing QoS and SLAs in grid and cloud computing[A]. GPC '09[C]. Berlin, Heidelberg: Springer-Verlag, 2009:25-35.

[51] BUYYA R, BROBERG J, GOSCINSKI A M. Cloud Computing Principles and Paradigms[M]. Wiley Publishing, 2011.

[52] CALHEIROS R N, RANJANY R, BUYYA R. Virtual machine provisioning based on analytical performance and QoS in cloud computing environments[A]. ICPP'11[C]. Taipei, Taiwan, China.

[53] XIAO Y, LIN C, JIANG Y, et al. Reputation-BASED QoS provisioning in cloud computing via dirichlet multinomial model[A]. ICC'10[C]. 2010:1-5.

[54] ANDRZEJAK A, KONDO D, YI S. Decision model for cloud computing under SLA constraints[A]. MASCOTS'10[C]. 2010 :257-266.

[55] SANTHANAM S, ELANGO P, ARPACI-DUSSEAU A, et al. Deploying virtual machines as sandboxes for the grid[A]. WORLDS'05[C]. Berkeley, CA, USA: USENIX Association, 2005:7-12.

[56] RISTENPART T, TROMER E, SHACHAM H, et al. Hey, you, get off of my cloud: exploring information leakage in third-party compute clouds[A]. CCS'09[C]. Chicago, Illinois, USA: ACM, 2009:199-212.

[57] RAJ H, NATHUJI R, SINGH A, et al. Resource management for isolation enhanced cloud services[A]. CCSW'09[C]. New York, NY, USA: ACM, 2009:77-84.

[58] ROY I, SETTY S T V, KILZER A, et al. Airavat: security and privacy for MapReduce[A]. NSDI'10[C]. Berkeley, CA, USA: USENIX Association, 2010:20.

[59] LI J, WANG Q, WANG C, et al. Fuzzy keyword search over encrypted data in cloud computing[A]. INFOCOM'10[C]. Piscataway, NJ, USA: IEEE Press, 2010:441-445.

[60] YU S, WANG C, REN K, et al. Achieving secure, scalable, and fine-grained data access control in cloud computing[A]. INFO-COM'10[C]. Piscataway, NJ, USA: IEEE Press, 2010:534-542.

[61] 冯登国，张敏，张妍等. 云计算安全研究[J]. 软件学报. 2011, 22(1): 71-83. FENG D G, ZHANG M,

ZHANG Y, et al. Study on Cloud Computing Security, 2011?:22(1):71-83.

[62] Sanjay Ghemawat, Howard Gobioff, Shun-Tak Leung. The Google File System[A]. SOSP'03[C]. Bolton Landing, NY, USA: ACM, 2003:29-43.

[63] Jeffrey Dean, Sanjay Ghemawant. MapReduce: Simplified Data Processing on Large Clusters[J]. Communications of the ACM, 2008:51(1): 107-113.

[64] John Darlington, Yi-ke Guo, Hing Wing To. Structured parallel programming: theory meets practice. Computing tomorrow: future research directions in computer science book contents Pages: 49-65.

[65] Mike Burrows. The Chubby lock service for loosely-coupled distributed systems[A]. OSDI'06[C]. CA, USA: USENIX Association Berkeley, 2006:335-350.

[66] LAMPORT, L. The part-time parliament. ACM TOCS 1998,16(2):133-169.

[67] LAMPORT, L. Paxos made simple. ACM SIGACT News 2001,32(4):18-25.

[68] Chang F, Dean J, Ghemawant S, et al. BigTable: a distributed storage system for structured data[J]. ACM Trans Comput Syst, 2008, 26(2): 1-26.

[69] BLOOM, B. H. Space/time trade-offs in hash coding with allowable errors. CACM 13, 7 (1970):422-426.

[70] Jason Baker, Chris Bond, James C. Corbett, JJ Furman, Andrey Khorlin, James Larson,Jean-Michel L′eon, Yawei Li, Alexander Lloyd, Vadim Yushprakh. Megastore: Providing Scalable, Highly Available Storage for Interactive Services. InProc. CIDR, 2011:223-234.

[71] Benjamin H. Sigelman, Luiz Andr′e Barroso, Mike Burrows, Pat Stephenson, Manoj Plakal, Donald Beaver, Saul Jaspan, Chandan Shanbhag. Dapper, a Large-Scale Distributed Systems Tracing Infrastructure. Google Technical Report, 2010.

[72] https://developers.google.com/appengine/?hl=zh-CN.

[73] Hadoop Site. http://Hadoop.apache.org/.

[74] HDFS. http://Hadoop.apache.org/Hdfs/.

[75] MapReduce. http://Hadoop.apache.org/MapReduce/.

[76] HBase. http://Wiki.apache.org/Hadoop/HBase?action=show&redirect=HBase.

[77] ZooKeeper. http://Wiki.apache.org/Hadoop/ZooKeeper.

[78] AWS. http://aws.amazon.com/.

[79] SmugMug . http://www.SmugMug.com/.

[80] Microsoft. 让云触手可及——微软云计算解决方案白皮书. 2009, 12.

[81] Windows Azure. http://www.windowsazure.com/zh-cn/.

[82] VMware 云计算解决方案.

[83] vSphere简介. VMware白皮书http://www.VMware.com/cn/support.

[84] VMware vCloud Director 中文教程.

[85] "智慧的地球"——IBM云计算 2.0.

[86] ComputerWeekly.com. The cloud computing strategies of global telcos（全球电信公司云计算策略）. 2011, 10.

[87] Gartner. Gartner公共云服务预测报告. 2011, 6.

[88] Hadoop Site. http://Hadoop.apache.org/.

[89] 北京市经信委, 发改委, 中关村管委会. 北京"祥云工程"行动计划（2010—1015 年）. 2010, 9.

[90] 上海市政府. 上海推进云计算产业发展行动方案（2010—2012 年）. 2010, 8.

[91] Gartner. http://www.gartner.com/.

[92] BSA（商业软件联盟）. http://www.bsa.org/. 全球云计算排行榜. 2012.

[93] Virtual PC. http://en.wikipedia.org/Wiki/Windows_Virtual_PC.

[94] Xen. http://Xen.org/.

[95] Hadoop Site. http://Hadoop.apache.org/.

[96] Tom White. Hadoop权威指南. 北京：清华大学出版社.

[97] SaaS. http://en.wikipedia.org/Wiki/Software_as_a_service.

[98] nutch. http://nutch.apache.org/.